AF568258

Christian Lemasson

LEGENDE LAGUIOLE

Das berühmteste Messer Frankreichs

Christian Lemasson

LEGENDE LAGUIOLE

Das berühmteste Messer Frankreichs

Titel der Originalausgabe: Laguiole – Histoire d'un couteau d'exception

Grafik: Vivien Therme
Übersetzung aus dem Französischen von Wolfgang Lantelme

1. Auflage der deutschen Ausgabe, 2021

ISBN 978-3-948264-05-5

Rosenheimer Str. 22
83043 Bad Aibling
Telefon 08061/38998-0
Fax 08061/38998-20
www.wieland-verlag.com

Gestaltung und Satz der deutschen Ausgabe: Caroline Wydeau

Druck: Print Consult GmbH, München

Printed in EU

Inhalt

Vorwort ... 6

1 | Das Aubrac, ein lebendiges Land ... 8

2 | Zu den Quellen eines Schneidwerkzeugs ... 18

3 | Die ersten Messerschmiede in Laguiole ... 28

4 | Die Geburt des Laguiole-Messers ... 36

5 | Die alten Werkstätten in Laguiole ... 42

6 | Anatomie der ersten Laguiole-Messer ... 52

7 | Das Laguiole wird zum Messer des Aveyron, des Cantals oder der Lozère ... 58

8 | Renommierte Messerschmieden – Familientraditionen von Vater zu Sohn ... 64

9 | Das Laguiole wird zum Messer der Bougnats ... 74

10 | Vom Gebrauchsmesser zum Schmuckstück ... 78

11 | Mit Medaillen auf dem Weg zum Erfolg ... 84

12 | Die Hochzeits-Laguioles: Wettlauf zum Gigantismus ... 88

13 | Die Nachfrage befriedigen durch Zulieferer ... 94

14 | Nicolas Crocombette, ein wahrer Laguiole-Künstler ... 104

15 | Schwere Zeiten für Laguiole ... 112

16 | Das Wiederaufleben des Laguiole ... 118

17 | Wie entsteht ein Laguiole heute? 134

18 | Die „Couteliers d'art" führen das Laguiole in eine neue Zukunft 158

19 | Das Laguiole, ein kultureller Marker 165

20 | Thiers, die andere Stadt des Laguiole-Messers 166

21 | Schutz für ein authentisches Produkt 172

22 | Sammlerleidenschaft 180

23 | Rund ums Laguiole: Legenden und Annäherungen 182

Epilog 184

Anhang 186

Technische Fachbegriffe 186

Index 189

Danksagung 192

Quellennachweis 192

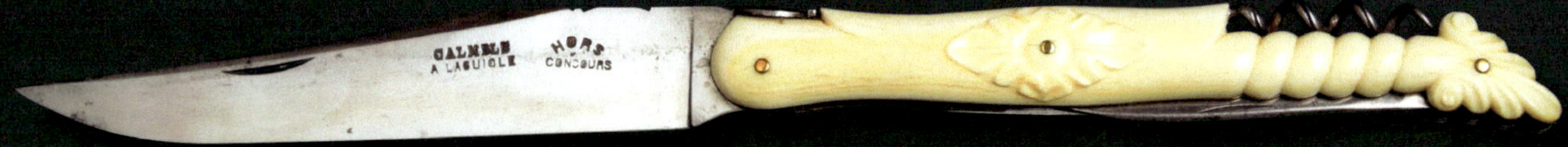

Vorwort

Leidenschaften unseres Erwachsenenlebens haben ihren Ursprung oft in unserer Kindheit. Genau in diesem zarten Alter ergab sich bei mir eine Beziehung zu einem Messer, dessen Namen ich damals noch nicht einmal kannte: dem Laguiole-Messer oder kurz dem Laguiole. Es wurde mein geheimer Spielkamerad in jenem Alter, in dem Ritter meine Phantasiewelt beflügelten. Wenn meine Eltern das Haus für ihre Erledigungen verließen, lauerte ich nur darauf, dass sie endlich die Türen hinter sich schlossen, um die Schublade in der Werkbank meines Vaters durchstöbern zu können, die mit meinen Kinderaugen gesehen von tausenden Wunderwerken überquoll.

In einer Ecke der schweren Holzschublade lag ein rätselhaftes Messer von feiner, geschwungener Form, mit einer spitz zulaufenden Klinge, wie ein Schwert. Dieses Messer weckte meine Neugier. Sein Aussehen glich keinem anderen und strahlte eine Aura aus, die ich bei keinem der damals üblichen Taschenmesser empfand, seien es die Pradels, die Opinels oder die Schweizer Messer. Es war „das Laguiole".

Eines Tages erwischte mich mein Vater bei meinen Bemühungen, die schwere Holzschublade zu öffnen und ermahnte mich mit feierlicher Stimme: „Lass die Finger von diesem Messer, du wirst dich sonst pieksen!" Aber das ging zum einen Ohr hinein und zum anderen hinaus. Also lebte das Messer als Ritterschwert in meinen Kinderhänden fort, bis ich das Auto meiner Eltern hörte und das Messer wieder brav an seinen Platz zurückkehrte.

Als ich meinem Vater bei einem Umzug in die Provence dabei half, die mit umgezogene Werkbank in einem kleinen Nebengebäude aufzustellen, kam die Sprache auf meine Jugenderinnerungen. Ich erzählte ihm von meinem Verstoß gegen sein ausdrückliches Verbot. Wir öffneten die Schublade, und das Messer war, trotz all der Jahre des Vergessens, unter einer Staubschicht verborgen an seinem Platz geblieben. Mein Vater lächelte und reichte mir das Messer. „Dieses Messer gehörte meinem Großvater. Er hat es gegen 1900 bei dem Messerfabrikanten Calmels in Laguiole gekauft. Mir hat er es zu meinem zehnten Geburtstag geschenkt. Und jetzt schenke ich dir dieses Messer." Gerührt kullerten mir ein paar Tränchen über meine Wangen. Ich begriff in diesem Moment den tiefen Sinn der Weitergabe über Generationen hinweg. Ich hielt in meinen Händen das Messer von meinem Opa, der aus dem Aveyron stammte und in Versailles lebte. Jetzt gehörte es mir.

Bis in die 1980er Jahre hielten wir Kontakt sowohl zu unseren Pariser Cousins, die ursprünglich aus dem Aveyron kamen, wie zu jenen, die nach Südfrankreich emigriert waren. Unsere Gedenkreisen führten uns jedes Jahr nach Sévérac-le-Château im Aveyron, von wo wir stets einen Ausflug nach Laguiole unternahmen. Zurück in Béziers führten mich meine Cousins durch die Straßen der Altstadt: „Siehst du, mein Kleiner, das ist das Schaufenster der Messerhandlung Colombier. Er ist ebenfalls ein Verwandter, der aus dem Aveyron hier herunter gezogen ist, um seinen Beruf als Messerhersteller auszuüben. Seit dem 18. Jahrhundert waren seine Vorfahren Messerschmiede in Rodez, dort, in der Rue du Bal." Bei meinen Cousins wurden dann die Familienalben hervorgeholt, und ich erkannte meine Großeltern beim Picknick mit ihrem Verwandten, dem Messerschmied Colombier.

Wir verbrachten unsere Ferien oft bei einer Cousine meiner Großmutter aus Laissac. Bei Tisch bemerkte ich, dass der Name ihres Mannes, Cordier, auf allen Messern zu lesen war. Ich dachte, das müsse jemand ziemlich wichtiges sein, wenn sein Name auf Messern steht. Ich hatte bis dahin nicht verstanden, dass auch er in der Messerbranche tätig war: Er hatte eine Großhandlung für Messer und Geschirr für Bistros, Brasserien und Restaurants. Seine Kunden waren Aveyronnaiser mit ihren Betrieben in Paris. Ich erinnere mich, dass er noch im Ruhestand größten Wert auf Schärfe und Glanz seiner Messer legte. Er nahm mich mit in seine Scheune, und zwischen Schleifstein und Polierscheibe erklärte er mir: „Junge, ein Messer, das etwas auf sich hält, muss schneiden!"

Um meinem Vater eine Freude zu machen, habe ich vor ungefähr 20 Jahren ein paar Nachforschungen über den Aveyronnaiser Zweig unserer Familie angestellt und entdeckte zu meiner Überraschung zwei Messerschmiede unter meinen direkten Vorfahren: einen Messerschmied, der in der ersten Hälfte des 18. Jahrhunderts in Causse de Sévérac niedergelassen war, einen weiteren in der Mitte des 18. Jahrhunderts in Gabriac. Ich kann also vermuten, dass in meinen Genen bereits der Hang zum Messer und zum Laguiole angelegt ist.

Das unmittelbare Interesse für die Laguioles schlummerte jedoch, bis mir eines Tages, vor etwa 30 Jahren, die Handwerksberufe der Gebirgsbevölkerung im Massif-Central wieder begegneten. Ich arbeitete an einer Serie ethnographischer Kurzfilme. Ich entdeckte die Messermonteure in den Bergen von Thiers, die zugleich Bauern und Messerhandwerker waren. Die Erzählungen der zum Teil hochbetagten Interviewpartner brachten eine andere Historie des Laguiole zutage als die schon so oft gehörte, die nur einen Teil der Wirklichkeit abbildete.

Mit dem Instrumentarium, das einem Historiker zur Verfügung steht, begann ich eine gründliche Recherche der Hinterlassenschaften unserer Vorfahren: Buchhaltungsdokumente, notarielle Urkunden, Inventurlisten, Handelsvertreterkorrespondenzen, private Dokumente. Sie stellte ich dann den Zeitzeugnissen des letzten noch lebenden Messermacherlehrlings und den sehr präzisen Aussagen der alten Einwohner von Laguiole, die das Ende der Schmieden in der Rue du Valat noch erlebt hatten, gegenüber.

Im Verlauf der Recherche bin ich zahlreichen Zeitzeugen begegnet und hatte zudem das Glück, dass manche Familien aus der Messerzunft mir ihre privaten Archive öffneten. Ihnen gilt mein besonderer Dank, denn nur so konnte ich die Geschichte des Laguiole-Messers in seiner ganzen Dimension rekonstruieren. Manchmal ist die Wirklichkeit genauso schön wie die vielen Legenden, die über dieses Messer erzählt wurden.

Christian Lemasson

Das Aubrac, ein lebendiges Land

Das Aubrac mit seinen Hochebenen wird oft als ein grüner Ozean beschrieben.

Rechte Seite: Die „Burons" lagen weit abgeschieden, wie Schiffe auf dem Meer. Hier produzierte man den Käse.

Folgende Doppelseite: Die Winter im Aubrac können rau und kalt sein.

EIN GRÜNES MEER AUF DEN HOCHPLATEAUS

Das Aubrac liegt im Süden des Massif-Central und erstreckt sich über die Départements Aveyron, Cantal und Lozère, sowie die Regionen Auvergne (Auvergne-Rhône-Alpes) und Occitanie. Es ist ein Ensemble von basaltigen Hochebenen und kleinen Hügeln, unterbrochen von einem kleinen Fluss, dem Bès, der sich an Weiden entlang schlängelt und dabei fast vergisst, die Hochebene zu verlassen. Das Leben im Winter ist rau, wenn die Hochebenen und Berge abwechselnd von atlantischen Stürmen, dem winterlichen Nordwind „Bise" und dem kalt-trockenen „Burle" erfasst werden. Hier auf dem Aubrac zu leben, ist ein Abenteuer, das den Charakter der Menschen formt.

Der Himmel kann trügen und je nach Jahreszeit innerhalb einer Stunde von strahlendem Sonnenschein in einen bösartigen Schneesturm umschlagen, der die Wege verschwinden lässt und Schneewehen aufhäuft. Der Blick verschiebt den Horizont, die Trennungslinie zwischen Himmel und Erde verschwimmt. Man spricht vom Aubrac als grünem Meer auf hohem Boden.

DIE „MONTANHOLS"

Untereinander bezeichnen sich die Bewohner des Aubrac als Montanhols, „Leute aus dem Gebirge". Man begegnet sich untereinander mit dem gleichen Respekt, unabhängig aus welcher Gegend man kommt: „Wir kommen alle aus den Bergen." Die Menschen sind couragiert. Den Anstrengungen, die ihnen das Leben hier abfordert, gehen sie nicht aus dem Weg. Sie sind sehr sparsam und kennen gleichzeitig Momente intensiver Lebensfreude.

Das Wappen eines der „Dom d'Aubrac".

Baulichen Spuren der Abbaye d'Aubrac in der Abgeschiedenheit: Kirche, Krankenstation und Türme.

GEFÄHRLICHE ÜBERQUERUNG

Um die unwirtliche Gegend urbar zu machen, mussten sich die Menschen sehr anstrengen, auch, weil das Aubrac im Mittelalter von Wölfen und Räubern heimgesucht war. Bei den Überquerungen kamen zahlreiche Reisende, Händler, Pilger und Bauern als Opfer von Ganoven oder Schneestürmen ums Leben. Um von Gévaudan durch das Aubrac nach Rouergue zu reisen und sich dabei gegen die Gefahren zu wappnen, schlossen sich Reisende zu bunt zusammengewürfelten Gruppen zusammen, deren Routen durch zahlreiche dichte Wälder führten, teils auf Wegen, die ursprünglich von römischen Legionären gepflastert wurden. Auf diese Weise war es möglich, von Lyon oder le Puys über den Aubrac nach Toulouse zu gelangen, jedoch nicht zu jeder Jahreszeit. Viele Reisende kamen nie an, sie verirrten sich im Nebel.

DAS GELÜBDE DES ADALARD

Pilger nutzten die Route auf dem Weg nach Santiago de Compostela, nachdem sie unterwegs nach Maßgabe ihres Glaubens und Frömmigkeit bereits die ihren Heiligen gewidmeten Stätten besucht hatten.

Zu Beginn des 12. Jahrhunderts befand sich Adalard d'Eyne, ein hoher Feudalherr im Dienste des Grafen von Flandern, bei seiner Durchquerung des Aubrac in großer Gefahr. Gleichermaßen bedroht von einem fürchterlichen Sturm und einer Bande von Plünderern, hatte er größte Schwierigkeiten, sich aus dieser Situation zu befreien. Er legte das Gelübde ab, dass er im Falle seines Überlebens ein Hospiz erbauen würde, das Reisende und Pilger beherbergen und zugleich Ritter und Mönche versammeln solle, um diese zu schützen und durch diesen Ort der „abscheulichen und weiten Einsamkeit" zu führen. Belegt ist dies durch die im Archiv der Abtei von Conques aufbewahrte, auf Pergament geschriebene Charta. Sie führte im Jahr 1120 zur Gründung des Hôpital d'Aubrac oder „Domerie d'Aubrac".

Ein Refugium für die Pilger

Adalard wurde durch den Bischof von Rodez authorisiert, einen militärisch-religiösen Orden zu gründen. Er durfte (auf seine Kosten) zur Gastaufnahme der Reisenden auf dem Aubrac

Das „Hôpital d'Aubrac". Aquarell von Sauvain, 1844 (Sammlung Bibliothèque de la Société des lettres de l'Aveyron, ESL 123).

das befestigte Hospiz Notre Dame des Pauvres errichten. Es beherbergte einige Ritter, Mitglieder des religiösen Ordens, die Reisende und Pilger unterwegs begleiteten und schützten, dazu einige Schwestern, die Kranke in einem kleinen Hospital versorgten, sowie eine größere Anzahl Mönche und Klosterbrüder, die Reisende aufnahmen und für deren Verpflegung und Unterkunft sorgten. Die Ausstattung war so bemessen, dass man 200 Personen beherbergen konnte. Für die Bedürfnisse des weltabgeschiedenen Hospizes war sogar eine Schmiedewerkstatt vorhanden, mit einem Bruder als Schmied und einem Gehilfen.

Wenn auf dem Plateau d'Aubrac und in den Wäldern Nebel aufzog, läuteten die Mönche die „cloche des perdus", die Glocke der Verirrten, damit Reisende sich orientieren konnten.

Die „Domerie d'Aubrac"

Die Domerie d'Aubrac (der „Dom" bzw „Prior" war Vorsteher des Ordens) umfasste neben den eigentlichen, befestigten Gebäuden ein ausgedehntes System von Grundbesitz und Lehensverhältnissen, um die wirtschaftliche Existenz des Hospizes dauerhaft zu festigen und abzusichern. Der Gründer Adalard und seine direkten Nachfolger bemühten sich deshalb, durch Landschenkungen und Vollmachten der mächtigsten Gutsherren der Gegend, sowie durch Gebühren und Bodenrechte, ein homogenes Ländereiengeflecht zu knüpfen.

Der an die Spitze des gleichermaßen religiösen wie wehrhaften und gastgebenden Ordens gewählte Prior erhielt den Titel des „Dom", was auch die Rechtsprechung auf dem gesamten Gebiet seiner Ländereien beinhaltete. Über ein Netz von Zehntscheunen zog er von seinen Vasallen die Steuern auf deren Ernte ein. Der Grundbesitz der Mönche erstreckte sich so über alle Berge bis zu den äußersten Rändern des Gévaudan. Gleichzeitig konkurrierten die Mönche des Aubrac, was Grundbesitz und Schenkungen betraf, mit den in Espalion ansässigen Templern. Insgesamt gehörte das Aubrac im 12. Jahrhunderts mehrheitlich religiösen Orden, die tiefgreifend die Struktur der Landschaft und das Ackerwesen prägten. Es waren die Mönche des Mittelalters, die das Gesicht des heutigen Aubrac formten.

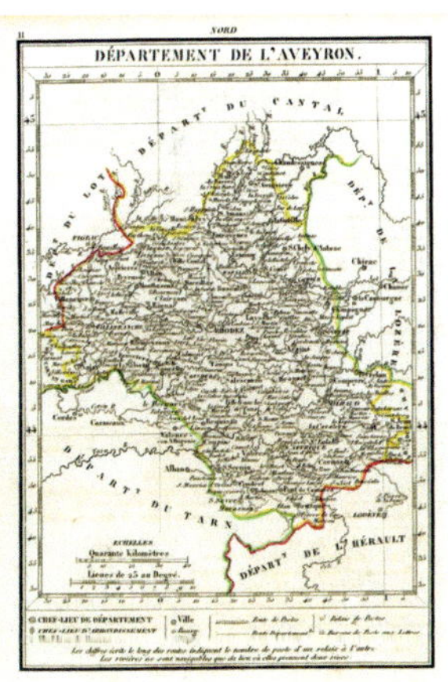

Ein Buron im Hochsommer: Produktionsstätte für den Laguiole-Käse und nachts Herberge der Mannschaft.

Manuskript des Viehbestands der Domerie d'Aubrac (18. Jahrhundert, AD12-60H-9).

EINE LANDSCHAFT, VON MÖNCHEN GESTALTET

Die Mönche und religiösen Orden betrieben mit Rodungen eine Entwaldung des Aubrac, um ein groß angelegtes Netz von Hochweiden zu schaffen, das im Sommer von Rinder- und Schafherden beweidet werden sollte, die sie von dem Causse Compal, dem Causse de Sévérac und aus dem Tal des Aveyron herauftreiben ließen. Das Wegegeld für den Viehtrieb entlang der „drailles" (Pfade des Almauf- und -abtriebs), die Pacht der Sommerweiden und die fälligen Anteile auf die Produkte der Viehzucht wie Milch und Käse, sicherten den Orden ein komfortables Einkommen.

Auf diese Weise schuf man auf den Hochplateaus ein agrar-pastorales System für die Zeit der „Transhumance", dem Almbetrieb von Mai bis Oktober. Auf dem entwaldeten Vulkanboden konnte sich gleichzeitig eine Flora entwickeln, die aufgrund ihres Reichtums und ihrer Vielfalt zu den bemerkenswertesten Europas zählt. Als Futter verlieh sie dem Fleisch der dort weidenden Rinder einen einzigartigen Geschmack. Sie sorgt bis heute bei den als Fleischrasse gezüchteten Aubrac-Rindern für geschmackliche Qualität und Reifefähigkeit.

Die Entwicklung der Race d'Aubrac

Seit dem Mittelalter haben die Mönche den Weidenwechsel der „Race d'Aubrac"-Herden so organisiert, dass die Futterressourcen der auf mittlerer Höhe gelegenen Wiesen nicht überweidet wurden. So konnten die Herden während der Sommerweide das Gras der höhergelegenen Almen und später blühenden, vielfältigen Flora nutzen. Dabei hatte man weniger die Fleischqualität im Auge als die Zucht der besonders robusten Ochsen als Zugtiere. Durch ihre starke Konstitution waren sie in der Lage, schwerste Lasten zu ziehen. Die Gespanne der „Race d'Aubrac"-Ochsen waren berühmt für ihr Geschick, selbst in schwerem Gelände sicher Fuß zu fassen. Die Viehhändler kamen in Scharen von Toulouse herauf, kauften sie und führten sie dann zu Fuß zu den Märkten. Katalanische Viehhändler kamen ebenfalls ins Aubrac, wo sie Aubrac-Maultiere kauften, zu Herden zusammenstellten und zurück nach Katalonien brachten, wo sie die Tiere verkauften.

Aubrac-Rinder beweiden das Aubrac im Sommer. Die Kühe gelten als fürsorglich und robust.

Eine bedeutende Käseproduktion

Das Mutterverhalten der Aubrac-Kühe, ihre Art, selbst unter schwierigen Bedingungen wie plötzliche Wetterumschwünge oder der gegen Ende des Sommers nachlassenden Vegetation, ihre Kälber großzuziehen, erweckten auch das Interesse der Mönche. Zur Zeit des Mittelalters war die Herstellung von Käse die einzige Möglichkeit, die Proteine der Milch über Monate haltbar zu machen. Das Leben der Mönche drehte sich während der Sommerweide auf den Hochebenen des Aubrac also vor allem um die Käseproduktion.

Durch die Käsewirtschaft sicherte sich das Hôpital d'Aubrac erhebliche Einkünfte, sei es durch die in Form von Käse bezahlte Pacht der Weiden, sei es durch die direkte Bewirtschaftung einiger Burons (Almhütten), wo der Laguiole-Käse hergestellt wurde. Ein Teil des Käses wurde in einem großen Keller des befestigten Hospizes gelagert. Die Milch wurde direkt auf den Weiden in mobilen Gattern gesammelt. Durch die ständige Verlegung der Gatter gelang es, die Bodenqualität durch den Dung der dort weidenden Kühe und Kälber zu steigern. Für das Melken

Gemolken wurde von Hand in einem mobilen Melkgatter als einzigem Schutz vor dem Wind.

Die Burons im Aubrac waren zur Hälfte im Boden eingegraben, um die Temperatur im Käsekeller konstant zu halten.

Das Aubrac, eine Fülle von Sinneseindrücken auf den Hochplateaus.

Die Beaufsichtigung der Herden war Aufgabe von Kindern.

wurden während der Saison ganze Mannschaften eingestellt, die wie Schiffsbesatzungen organisiert waren: Der „cantalès“, der Vorarbeiter, der „bédélier“, der für die Kälber zuständig war, der „pastre“, der sich um die Käseherstellung kümmerte und der „roul“, ein Hirtenjunge, der die Rinder auf den nicht eingezäunten Weiden hütete und deshalb ständig umherlief, auch um den Schikanen der nicht immer freundlichen Erwachsenen zu entgehen.

Die Transhumance, der Almauf- und -abtrieb der Herden

Der Almtrieb wurde vom Bischof von Rodez festgelegt. Er gab folgenden Daten vor: der Almauftrieb („montada“) hatte an Saint Urbain, dem 25. Mai zu erfolgen, der Almabtrieb („davalada“) an Saint Géraud, dem 13. Oktober. Die Herden aus der Region Rodez unternahmen den Aufstieg mit einer Übernachtung vor der Überquerung des Flusses Lot in Espalion. Die anderen Herden brachen bei Sonnenaufgang auf und überquerten den Lot in Espalion, Saint-Côme oder Saint-Geniez-d’Olt und erreichten nach einer Tageswanderung ihre Sommerweide.

Es gab annähernd 240 Burons auf dem Aubrac, isoliert wie Schiffe auf dem grünen Ozean des Hochplateaus. Ein Buron, eine zur Hälfte eingegrabene Schäferhütte, umfasste eine Käserei mit handbetriebenen Gerätschaften, einen Keller zur Reifung des Käses, sowie Schlafplätze unter dem Dach für die Bewohner, direkt über dem

LAGUIOLE, ETAPPE EINER REISE

Vom Mittelalter bis zum Ancien Régime (17. Jhdt.) war Laguiole Sitz einer juristisch und steuerlich selbstständigen Vogtei. Die Lage auf einem Felssporn begünstigte seine Befestigung. „La Guiola" – so der okzitanische Name – umschloss mit seiner Stadtmauer das Schloss, die Kirche und das eigentliche Dorf. Händler und Reisende, die im Sommer reisten, nutzten einen Zweig der Route Royale, die von Saint-Flour nach Toulouse führte und eine Station in Laguiole vorsah. Kutscher und Spediteure konnten hier ihre Pferde ausruhen lassen und Handwerker mit Reparaturen beauftragen, die durch den schlechten Straßenzustand entstanden waren. Der günstige Standort des Marktfleckens bot sich auch für Bauern- und Viehmärkte an. Durch das Zusammentreffen dieser Faktoren konnten in Laguiole verschiedene Berufe des eisenverarbeitenden Handwerks entstehen: Hufschmiede, Schmiede, Schneidwarenhersteller, Stellmacher. Laguiole bot zahlreiche Unterkünfte zur Beherbergung der Reisenden, und die Einwohner erzielten stattliche Einkünfte mit der Unterbringung von Gästen.

Heu für die Kälber. Die Mannschaft bestand in der Regel aus vier Personen. Sie hüteten die Tiere, molken sie von Hand draußen bei jedem Wetter und stellten nach ihrer Rückkehr in den Buron den Käse her.

Im Mittelalter waren die Burons einfache mit Steinen ausgekleidete Gräben, mit Ast- und Laubwerk als Bedachung. Erst im 17. Jahrhundert ließen die Mönche Burons mit gekalkten Einrichtungen errichten, mit Strohdach, zweiteiligen Türen und einer Feuerstelle an der Innenwand, um die Temperatur während der Gerinnungsphase der Milch zu gewährleisten. Diese Angaben konnte ich in den Inspektionsregistern der Domerie d'Aubrac aus der zweiten Hälfte des 17. Jahrhunderts entdecken, die von einem Notar, einem Maurermeister und einem Ordensvertreter unterzeichnet waren. Die Revolution von 1789 änderte an dieser Situation kaum etwas, weder an der Arbeit, noch an der Rekrutierung der Arbeiter, noch dem Tierbestand, zu dem Maultiere und viele Schafe gehörten. Allerdings räumte man den Aubrac-Rindern zunehmend mehr Raum auf den Sommerweiden ein.

EINE REGION DER SAISONALEN EMIGRATION

Diese Land- und Schäferwirtschaft beschäftigte die Landbevölkerung des Aubrac nur für 150 Tage im Jahr und ermöglichte ihr nicht das Überleben für den Rest des Jahres. Die Winter waren rau, die Lebensverhältnisse arm, denn die Bauern des Aubrac besaßen meist nur zwei bis drei Kühe, kleine und zerstückelte Felder, ein oder zwei Schweine sowie Hühner und Enten. Ein selbstständiges Auskommen für eine ganze Familie war unmöglich. Das Aubrac war deshalb eine Region saisonaler Emigration. Frauen und Kinder blieben zu Hause und bewirtschafteten den Hof. Die Männer, die im Sommer in den Burons arbeiteten, machten sich auf den Weg nach Katalonien, oft barfuß, um die Sohlen oder ihre Holzschuhe zu schonen. Sie verdingten sich als Langholzsäger oder gingen in die Hauptstadt als Badewasserlieferanten. Manche arbeiteten auch in der Altmetallverwertung.

Die „Montés à Paris", die aus dem Aubrac nach Paris „hinauf" gezogen waren, verdingten sich als Badewasserlieferanten und Kohlenträger.

Zu den Quellen eines Schneidwerkzeugs

Messer „à lentille" eines Schmieds in Laguiole. 19. Jahrhundert. Marke unsichtbar.

Bereits seit Anfang des 19. Jahrhunderts konnte sich die Landbevölkerung, Viehzüchter und Almbauern bei den sogenannten Taillandiers in Laguiole mit Schneidwerkzeugen, Messern, Äxten oder Scheren für die Schafschur versorgen. Manche abseits gelegenen Bauernhöfe, die im Winter im Schnee versanken, verfügten sogar über eine eigene Schmiede.

Ruinen einer Schmiede zur Eisengewinnung am Ufer des Picades im Aubrac.

EISENERZ UND ERSTE MESSER

Eisenerz war selten und teuer. Die Bauern hatten deshalb einfache, feststehende Messer. Ausschließlich für deren Klingen war das Eisen reserviert. Die Griffe waren aus Holz oder mit Lederriemen umwickelt. Man trug sie in einer Scheide aus Holz oder Stoff am Gürtel. In der Anfangszeit, als es noch keine echten Messerschmiede in Laguiole gab, fertigten die Taillandiers die schneidenden und spitzen Werkzeuge. In Laguiole sind sie seit dem 14. Jahrhundert bestätigt. Am Fluss befanden sich zwei Mühlen mit Schleifsteinen („tornalh" in der Okzitanischen Sprache), in denen Klingen geschliffen wurden. Sie zahlten dem örtlichen Gutsherrn eine Pachtgebühr.

Die Eisenhütten des Aubrac

Das zum Schmieden benötigte Eisenerz kam von den Monts d'Aubrac, den Bergen der Region. Drei der insgesamt fünf Ferrières (Erz verarbeitenden Hütten) lagen an den steilen Bächen, die von den Monts d'Aurac hinunter zum Flüsschen Lot führen. Sie wurden von den Mönchen des Aubrac kontrolliert, die auch die Pachten einzogen. Das Erz erhitzte man zunächst auf einem Rost in der Nähe der Hütten, um es von Erdresten und Verschmutzungen zu reinigen. Danach wurde es in einem Rennofen geschmolzen. Die „loupe", die glühende Schmelze, wurde anschließend in einer kleinen, gemauerten Hütte über dem Bach einem Schmiedeprozess unterzogen, bei dem mit Hilfe eines riesigen Hammers, der von einem wassergetriebenen Schaufelrad angetrieben wurde, Schlacke und Eisen getrennt wurden. Auf diese Weise entstand nach und nach ein für Schmiede nutzbares Roheisen. Am Ende des 17. Jahrhunderts waren die Eisenvorkommen des Aubrac allerdings erschöpft.

Das Ende der Eisenproduktion

Die Eisenhütten bekamen auch bei der Beschaffung von Holzkohle, die von Köhlern aus dem Holz des mittlerweile entwaldeten Aubrac hergestellt wurde, zunehmend Probleme. Die Mönche standen der Holzkohlegewinnung ebenfalls zunehmend kritisch gegenüber, denn sie favorisierten Feuerholz, das im Kampf gegen die winterliche Kälte unverzichtbar war. Am Ende starb die Eisenerzeugung im Aubrac, weil die Holz- und Erzvorräte erschöpft und Erztransporte aus den Monts du Lévezou oder von Lacaune wegen der Entfernung zu teuer waren.

Eisenbearbeitung und Schmieden von Klingen in Saint-Étienne. Nach Fougeroux de Bondaroy („L'Art du coutelier en ouvrages communs", 1772).

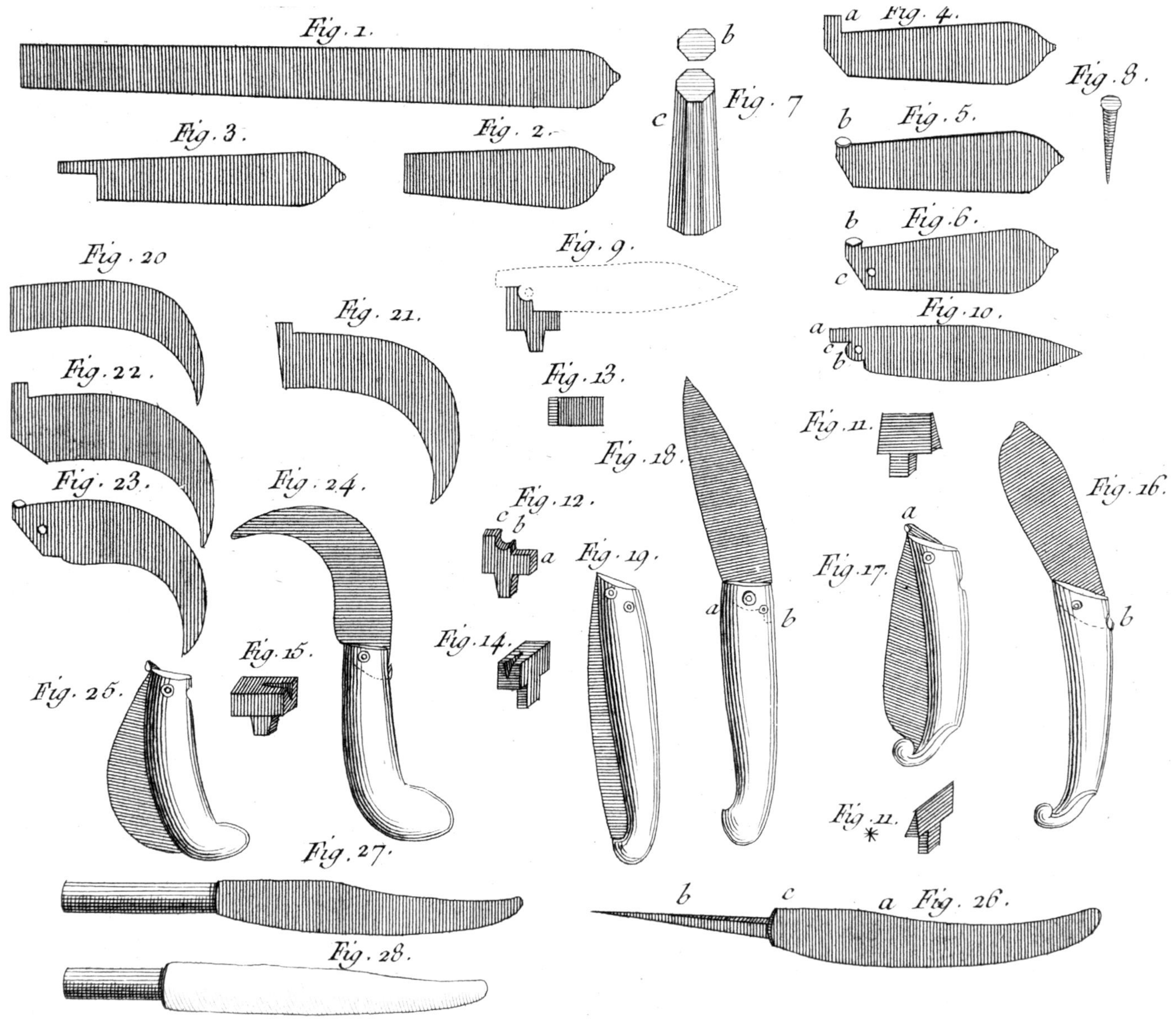

Herstellung von Klingen mit „lentille" (Linse) in Saint-Étienne. Nach Fougeroux de Bondaroy (18. Jahrhundert).

EIN HANDWERK, DAS INS HOCH-MITTELALTER ZURÜCKREICHT

Auch wenn es klappbare Messer bereits im Mittelalter, sogar zu galloromanischer Zeit gab, stellten sie nur einen verschwindenden Teil der Gebrauchsmesser dar. Bei archäologischen Grabungen fand man oberhalb der Stadt Espalion, auf einem hoch auf einem Vulkan gelegenen Friedhof neben der Festung von Calmont-d'Olt, ein Klappmesser aus dem 6. bis 7. Jahrhundert mit Knochengriff. Die C14-Radiokarbondatierung bestätigt das Alter, das auch dem Zeitraum entspricht, in dem auf dem Friedhof Bestattungen vorgenommen wurden.

In Sauveterre-en-Rouergue, im westlichen Teil des Aveyron, genannt Ségala, gab es vom Mittelalter bis zum Ende des 17. Jahrhunderts eine Reihe von Klingenschmieden, Mühlen für den anschließenden Klingenschliff und Werkstätten, in denen man sich auf die Herstellung von „ganivet" (feststehende Messer) und Hippen spezialisiert hatte. Die Produktion florierte dank eines Netzwerks einflussreicher Händler, die auf den Messen von Bordeaux, Toulouse und Dijon vertreten waren und den Verkauf der Messer von Sauveterre bis in die Schweiz ermöglichten.

GEBRAUCHSMESSER UND ANDERE INSTRUMENTE

Fuhrleute, Spediteure und Postkutscher benötigten mehrteilige, gleichzeitig einfache, solide Messer für kleinere Reparaturen und zur Versorgung der Pferde oder Ochsen ihrer Gespanne.

Diese Fuhrleutemesser, genannt „couteau de charretier", hatten einen soliden Griff aus Hirsch- oder Kuhhorn, das jedoch auf Feuchtigkeit empfindlich reagierte. Diese Berufsmesser waren teuer, deshalb besaßen sie nur diejenigen, die sie wirklich benötigten. Die Fuhrleute kauften sie in größeren Orten oder Städten des Aveyron in handwerklich arbeitenden Werkstätten, die auch Scheren für die Schafschur, Veterinärinstrumente, Skalpelle oder Messer für den Aderlass und zum Versorgen des Viehs herstellten. Ihre Sortimente ergänzten sie durch feinere Messer für wohlhabende Bürger der Gegend. Diese Ateliers fanden sich in Marktflecken und Städten mit einer gewissen Bedeutung im Aubrac oder auf dem Causse. So in Rodez, in Sévérac-le-Château, an den Ufern des Lot entlang den südlichen Hängen des Aubrac, in Saint-Geniez-d'Olt, in Entraygues und in Espalion.

DAS KLAPPMESSER VON EUSTACHE DUBOIS

Zum Ende des 17. Jahrhunderts kauften auch Bauern zunehmend die einfachen Klappmesser, die in Anlehnung an den Namen des Schmieds Eustache Dubois aus Saint Etienne „Eustache" genannt wurden. Der kommerzielle Erfolg seiner Messer, deren Griffe den eingebrannten Schriftzug „Véritable Eustache" (echtes Eustache) trugen, ließ seinen Namen zum Gattungsbegriff für alle billigen Messer werden.

Die Griffe bestanden aus gepresstem Horn („corne cachée"), heiß geformtem Buchsbaum oder Buche. Die Klingen waren durch einfache Achsen mit dem Griff verbunden, es gab keine Federn oder Arretierungen. Der Einsatz innovativer Arbeitstechniken erklärt nur zum Teil den niedrigen Preis. Der Grund war vor allem, dass die Messermacher in Saint-Etienne en Forez von den marktbeherrschenden Händlern ausgebeutet und schlecht bezahlt wurden.

Ein internationales Tauschobjekt

Diese Messer wurden zu Hunderten und Tausenden verkauft: nach Spanien, auf die südlichen Mittelmeerinseln, nach Italien und in die Kolonien Amerikas, wo sie den Handelskompanien als Tauschobjekte im Fellhandel mit den Ureinwohnern dienten. Dazu kam der sogenannte Dreieckshandel, wo sie von afrikanischen Potentaten und Schiebern als Zahlungsmittel im Sklavenhandel genutzt wurden.

Zwei Drittel der preisgünstigen Couteaux Stéphanois (Messer aus Saint-Etienne) wurden exportiert. Das verbleibende Drittel wurde im Königreich Frankreich vermarktet. Für die 680 Messer-Zulieferer und Schmiede bedeutete das einen beachtlichen Markt. Großhändler, sogenannte marchands-bourgeois, kümmerten sich um den Vertrieb und beschickten die wichtigen Messen: Beaucaire, wo sie Händler aus Italien, Spanien, dem Orient und Südfrankreich trafen, Bordeaux für die Bestellungen aus den amerikanischen Kolonien, Dijon für den Kontakt mit Pariser und Schweizer Großhändlern.

Die Bestellungen wurden dann im Folgejahr ausgeliefert, wenn die Messerschmiede in Saint-Etienne die erforderlichen Mengen an Eustache-Messern von ihren Schmieden und den als Heimarbeiter tätigen Messermachern für den Versand zusammengestellt hatten.

Verkauf von Tür zu Tür

Zwischenhändler verkauften die Eustaches vor Ort an Eisenwarenhändler. Trotz Frachtkosten, Fuhrlohn, Abgaben, den Wegegeldern, die während des Transports anfielen und der Verdienstspanne der verschiedenen Zwischenhändler, behielt das Eustache seinen unschlagbaren Preis.

Stéphanois mit Yataganklinge und „lentille" (18. Jahrhundert).

Rechte Seite: Die alte Brücke in Espalion, der Zugang zum Aubrac.

Gruppen von fahrenden Händlern aus der Auvergne durchzogen die Gegenden mit einem Pferd und zwei mit Messern beladenen Mauleseln, um ihre Ware auf den Höfen und Burons direkt zu verkaufen. Bei den ortsansässigen Händlern waren sie nicht beliebt, und man vertrieb sie von den Dorfmärkten. Aber sie verkauften ihre Messer auch in den Herbergen. Ihre Warenbestände vertrauten sie den Herbergsvätern an und konnten so mit verkleinertem Warenbestand in weiteren Kreisen die Gegend bereisen.

Ein System bereichert die Händler

Die ungerechte Behandlung und geringe Vergütung der Messermacher in Saint-Etienne und die Vertriebsmonopolisierung durch mächtige Händlerfamilien in Saint Etienne und Lyon musste zwangsläufig auf Lösungen hinauslaufen, die sie von der Bevormundung befreiten, zumindest im Verborgenen. Die Messerzunft von Saint-Etienne en Forez und von Chambon-Feugerolles war durch königliche Vollmacht geregelt und in Lyon in den Händlerstatuten des Probstes festgeschrieben. So mussten alle für die Herstellung eines Messers notwendigen Tätigkeiten und alle Einzelteile, von der Klinge bis zum Griff, einschließlich der Montage auf dem Gebiet von Saint-Etienne erfolgen, was durch vereidigte Innungsinspektoren überwacht wurde. Von diesen Einschränkungen in der freien Berufsausübung profitierten die Händler, die ihre Machtposition missbrauchten, indem sie ihre Zulieferer unanständig niedrig entlohnten, die wiederum ihre in Heimarbeit tätigen Monteure schlecht bezahlten. Die Menschen, die die Messer eigentlich herstellten, waren bettelarm. Auf dem Weg zu den Endverbrauchern entstanden für die in Ballen, Kisten oder Fässern verpackten Messer zusätzliche Kosten. Gemäß königlicher Vorgaben und solcher von lokalen Feudalherren, waren weitere Gebühren für Brückenüberquerungen, Fähren oder andere fiskalische Forderungen zu entrichten.

DIE COUTELIERS AUS SAINT-ETIENNE ZIEHEN NACH ESPALION

Um die Ansiedlung von Messerherstellern aus Saint-Etienne in Espalion genauer untersuchen zu können, habe ich Kirchenbücher der Gemeinde (in denen Taufen, Eheschließungen und Beerdigungen erfasst sind) aus dem 17. und 18. Jahr-

Auf der Messe in Beaucaire wurden Messer aus Saint-Etienne sowohl von den normalen Händlern und den Kaufleuten aus dem Ausland wie von Schmugglern aus dem Süden Frankreichs gehandelt und geordert. (Illustration Anfang 19. Jahrhundert.)

hundert eingesehen. Ich hatte gehofft, wenigstens eine oder zwei Familien aus Saint-Etienne zu entdecken, deren berufliche Tätigkeit mit Messern zu tun hatte, aber es wurde eine Fundgrube von Informationen, die auf sehr viel mehr Messermacher aus Saint-Etienne hinwies. Mit Erstaunen konnte ich eine große Zahl Couteliers entdecken, die aus Saint-Etienne kommend sich zu dieser Zeit in Espalion niederließen. Diese Couteliers aus dem Forez, nun Bürger von Espalion geworden, entwickelten aus Klingen, die in Chambon-Feugerolles geschmiedet und von dort eingeschmuggelt wurden, das „Jambette" und machten es im Aubrac bekannt. Mit „Jambette" bezeichnete man ein klappbares Eustache mit scharfer Klinge, das nur ein paar „sous" (Centimes/Pfennige) kostete.

Warum die Ortschaft Espalion?

Obwohl ich nicht alle Kirchenbücher von Espalion einsehen konnte, ist es mir dennoch gelungen, aus den Dokumenten eine Liste von Messermachern zu erstellen, die aus Saint-Etienne stammten und sich in Espalion niederließen. Und obwohl ich nur zwei bis drei aus der Zeit der Salzsteuerprozesse ausfindig machen konnte, habe ich für den von mir angesetzten Zeitraum zwischen 1695 und 1765 sehr viel mehr an Informationen entdeckt. Wie aber ist die Anziehungskraft einer mittelgroßen Aveyronnaiser Ortschaft zu erklären, die die Ansiedlung mehrerer Familien von Messermachern aus Saint-Etienne, dem großen Produktionszentrum billiger Messer, erklärt? Es ist zu vermuten, dass eine Ortschaft dieser Größe jenseits des Zugriffs der Innungen lag und somit ein idealer Ort war, um Schmuggelware aus dem Forez im Südwesten zu vertreiben. Dazu attraktiv genug, um im Verborgenen agieren zu können.

Die Kirchenbücher geben Auskunft

In den Kirchenbüchern konnte ich identifizieren: Antoine Canel, „Maître-Coutelier" (Messerschmiedemeister), Ehemann von Anne Jacoton, beide aus dem Forez stammend, wohnhaft in Espalion, die laut Urkunde von 1695 dort ihren Sohn Mathieu Canel taufen ließen, der selbst wiederum Maître-Coutelier in Espalion wurde.

Im selben Stammbaum konnte ich Antoine Canel aus Saint-Clément im Forez ausfindig machen, ebenfalls Maître-Coutelier in Espalion, der 1702 Anne Labro aus Espalion ehelichte. Im Jahr 1702 wird ein Denys Vialeton erwähnt, geboren in Saint-Etienne im Forez. Im Jahr 1765 fand die Hochzeit von Leonard Vincent, geboren in Saint-Etienne im Forez, mit Antoinette Frayssini statt. Er war ebenfalls Coutelier in Espalion. Für dasselbe Jahr habe ich die Hochzeit von Jean-Pierre Quille, Maître-Coutelier, mit einer der Canel-Töchter notiert.

Wahrscheinlich ist, dass es sich bei dem Organisator des Schmuggels (siehe rechte Seite), nämlich dem Kombinieren gefälschter Klingen mit örtlich hergestellten Griffen, laut Urteilen von 1691 und 1695 um das Werk des Ateliers Antoine Canel handelt. Sein Sohn Mathieu, ebenfalls Maître-Coutelier, war ein „Bayle" (eine Art Probst/Vogt) der Bruderschaft Saint-Eloi von Espalion. Der Bayle führte den Vorsitz der karitativen Bestattungsbruderschaft, der anzugehören alle Mitglieder der Metallberufe von Espalion und Saint-Côme-d'Olt anstrebten.

DER EINFLUSS DER MESSER AUS SAINT-ETIENNE AUF DAS KÜNFTIGE LAGUIOLE

Den Bauern des Aubrac waren die preiswerten Eustaches aus Saint-Etienne vertraut, weil sie sie auf Viehmärkten oder bei Hausierern erworben hatten. Seit dem 17. Jahrhundert entschieden sie sich vor allem für zwei Modelle: eines mit einem gewölbten Holzgriff und spitzer Klinge (wie die Yatagan-Klinge eines Laguiole), das andere mit Horn- oder Holzgriff und sogenannter Bourbonnaise-Klinge (mit mittiger Spitze, wobei

Messer von Thibaud in Sévérac mit Yatagan-klinge und „lentille", Mitte des 19. Jahrhunderts (Reproduktion von Pascal Morin nach einem Original).

Schmuggel – ein dickes Geschäft im 17. Jahrhundert

Ein Forscher aus Saint-Etienne brachte mich freundlicherweise auf die Spur eines ungewöhnlichen Prozesses, der vor dem Salzsteuer-Gericht von Montbrison (Steuergericht für Lyon und Forez) zwischen 1691 und 1695 stattfand. Die Arbeiter von Chambon-Feugerolles, einem Bezirk von Saint-Etienne mit zahlreichen Ateliers, in denen man Klingen für die Eustaches herstellte, hatten ein Schlupfloch entdeckt, um eine bessere Entlohnung für ihre Klingen zu erzielen, sich der Bevormundung durch die Maîtres-Couteliers und damit der mächtigen Händler von Saint-Etienne und Lyon zu entziehen und gleichzeitig Binnenzölle, Gebühren und Gewinnmargen der Zwischenhändler zu umgehen.

GEFÄLSCHTE MARKENZEICHEN UND VERSTECKTE LADUNGEN

Man schmiedete Klingen mit gefälschten Markenzeichen und schmuggelte sie nachts auf Maultieren heimlich aus Saint-Etienne heraus. Beides war verboten, die Markenfälschung natürlich, aber auch der Transport von Klingen, die nicht an Griffe montiert waren. Die Menge der transportierten Klingen war beträchtlich: eine Maultierkolonne der Schmuggler war in der Lage, 80 „Grosses" (zwölf Dutzend), also insgesamt 11.520 Klingen, zu tragen. Auf diese Klingen wurden natürlich keine Steuern gezahlt, was den königlichen Finanzen schadete. Am Ziel angekommen, wurden sie mit vor Ort gefertigten Griffen versehen. Unter den fünf Zielorten befand sich Espalion, wo Komplizen unter den Couteliers die Montage der Griffe und den Verkauf übernahmen. Alles mit deutlich besserem Gewinn und für die bäuerliche Kundschaft immer noch zu einem unschlagbaren Preis. Espalion liegt am Ufer des Lot, in der Nähe von Laguiole.

DER SCHMUGGEL FLIEGT AUF

Der Betrug dauerte nicht lange, denn ein Spitzel denunzierte den Schwarzhandel. In einem verborgenen Höhenweg, den die Schmuggler benutzten, stellten Zöllner eine Falle. Der Umfang der beschlagnahmten Waren wurde in dem darauf folgenden Prozess beim Salzsteuergericht in Montbrison aufgelistet und gewährt einen Einblick in das tatsächliche Ausmaß des Schmuggels. Die Durchsicht der Gerichtsakten, auf die mich mein Kollege aus Saint-Etienne hinwies, ermöglichte mir, die Verstrickung der aus Saint-Etienne stammenden und in Espalion niedergelassenen Messermacher zu dokumentieren. Der Prozess dauerte von 1692 bis 1695 und endete mit drastischen Geldstrafen. Um künftigen Betrugsversuchen vorzubeugen, ordnete der Verwalter (ein königlicher Kommissar) an, dass sowohl Klingen wie Griffe mit dem Namen des Herstellers in Saint-Etienne zu versehen seien.

Rücken und Schneide parallel zur Mittellinie verlaufen). Dessen Griff wurde aus heiß gepresstem Horn gefertigt und besitzt ein Griffende in Form eines Bec-de-Corbin (Rabenschnabel).

Wir werden sehen, dass diese beiden aus Saint-Etienne stammenden Messerformen später in den begabten Händen eines jungen Couteliers in Laguiole die Entstehung des Laguiole-Messers beeinflussten und begünstigten. Dieser hatte die Idee, das Jambette aus Saint-Etienne zu verbessern, umzugestalten und ein „ressort" (Rückenfeder) hinzuzufügen. Wir werden später ebenfalls sehen, dass das Laguiole-Messer unter dem Einfluss der Jambette-Form aus Saint-Etienne entstand. Es brauchte seinen Ursprung nicht im weit entfernten Spanien zu suchen, um eine weit verbreitete Legende aufzugreifen. Die Messerschmiede aus Laguiole fanden ihre Inspiration ganz in ihrer Nähe, vor ihrer Tür, im eigenen Revier.

BEI DEN KLINGEN ERSETZT STAHL DAS EISEN

Ende des 16. Jahrhunderts war Stahl erschwinglicher geworden und ersetzte bei den Klingen volkstümlicher Messer das Eisen. Durch die Härtung nach dem Schmiedevorgang erzielte man elastischere und widerstandsfähigere Klingen. Technologische Fortschritte im Hüttenwesen zu Beginn des 18. Jahrhunderts verhinderten die nahezu vollkommene Entwaldung weiter Flächen, die man zur immer kostspieliger werdenden Holzkohleherstellung benötigte. Seit den ersten, relativ rudimentären Technologien bis zur Stahlherstellung in Hochöfen war immer weniger Holz- oder Steinkohle erforderlich, was den Stahl erschwinglicher machte.

DAS LEID DES CAPUCHADOU

Reiseberichte, Gerichtsarchive von Gutsherren aus dem Rouergue und Kolumnen örtlicher Autoren aus dem 18. Jahrhundert zeugen von dem Ruf eines feststehenden Messers, das die Bewohner des Aubrac am Gürtel bei sich trugen, meist in einem Holzetui oder in Stoff gewickelt. Dieses Messer trug den Namen Capuchadou (ausgesprochen „ca-pü-tcha-du"). Seine Klinge war sehr kräftig, schmal und spitz, sein runder Griff, meist aus gedrechseltem Holz, verfügte über eine Zwinge, um die Klinge im Griff fest zu fixieren. Manche Capuchadous (auch Capujadou, Capuzadou, Cabusadou, Cabuchador, je nach lokaler Aussprache) besaßen einen Griff aus Knochen oder – seltener – aus Elfenbein.

Messer von bäuerlichen Schlägereien

In Gendarmerieprotokollen des 19. Jahrhunderts taucht dieses kleine Messer häufig auf, oft bei Schlägereien in Herbergen und nach Märkten, denn die Bauern führten alle eines mit sich. Im täglichen bäuerlichen Gebrauch war es ein Vielzweckmesser. Aber ein aufbrausendes Gemüt, falsch gedeutete Bemerkungen und ein wenig Alkohol reichten, um blitzartig ein Capuchadou fliegen zu lassen und eine Schnittwunde zu setzen. Normalerweise vernarbte diese schnell, und man hütete seine Zunge, wenn es den Gesetzeshütern zu Ohren kam. Die Berge waren stumm, man war solidarisch, man hielt zusammen.

Ein Andreaskreuz auf der Klinge

Mit der Zeit beruhigten sich die Sitten, und man hörte von diesem Messer nur noch als Gebrauchsgegenstand. Im 19. Jahrhundert wurde es von Taillandiers und Couteliers sowie in den Schmieden der Bauernhöfe hergestellt. Dort

Das Capuchadou, ein im Aubrac gebräuchliches, feststehendes Messer.

recycelte man Stahl, indem man zum Beispiel eine alte Feile umschmiedete. Der Klingenrücken eines Capuchadou war zuweilen mit einem simplen Andreaskreuz als Schutzzeichen verziert. In diesem Zusammenhang ist daran zu erinnern, dass ein Prior der Domerie d'Aubrac namens André von den Bewohnern des Aubrac verehrt wurde. Sein Wappen trug zwei ineinander verschlungene Pilgerstäbe von Santiago de Compostela.

Ein Messer für alle Zwecke

Der Name „Capuchadou" leitet sich ab von dem okzitanischen Verb capusar oder capujar (Okzitanisch ist ein regionaler Dialekt, eine Mischung aus Gallisch und dem Lateinischen des 6. Jahrhunderts). Das Wort bedeutet „die Blüten von einem Ast abkratzen, kappen mit dem Ziel zu glätten". Das Capujadou diente gleichfalls der Verteidigung gegen Wölfe wie zum Abschneiden eines Speckstücks beim „Despartim" (dem Frühstück auf den Feldern) oder beim „Quatreheures"-Nachmittagsimbiss. Man bediente sich des Messers, um Hühnern den Hals abzuschneiden und um während der Nachtwache Kastanienzweige zu entrinden, aus denen man Körbe flocht, um damit dem Haushalt ein zusätzliches Einkommen zu verschaffen. Seine Holzscheide wies deshalb oft zwei Nuten auf: Man wendete die Klinge so, dass die scharfe Seite an der Nut anlag, um die Zweige ohne große Anstrengung zu entrinden und gleichzeitig die Hand zu schützen.

Der Gebrauch eines Capuchadou setzte sich beim Schlachten von Federvieh bis in das erste Drittel des 20. Jahrhunderts fort. Das Capuchadou stellt aber nicht den Ursprung des späteren Laguiole-Messers dar, weder durch seine Form noch durch seine Verwendung. Es war ein Messer, das neben den später in Laguiole auftauchenden Messern existierte.

Kulturelement und Begleiter

Das Messer war ein zentrales, identitätsstiftendes Element der Kultur des Aubrac. Jeder trug sein Messer am Leib, am Gürtel oder in einer Tasche. Es war ständiger Begleiter und zuverlässiger Kumpel für alle Zwecke und in jeder Situation. Die Bauern im Aubrac sagten: „Besser, man hat seine Hose vergessen als sein Messer!"

Mit einer geschlitzten Scheide diente das Capuchadou während der Nachtwache zum Spalten von Kastanienzweigen.

Die ersten Messerschmiede in Laguiole

Zum Ende des 18. Jahrhunderts konnte im Aubrac endlich mit dem Bau eines richtigen Straßennetzes, den sogenannten „Routes Royales", begonnen werden. Die Verwaltungsbezirke Auvergne und Montauban brachten die Mittel für den Ausbau und die Befestigung der Straßen auf, und damit verbesserte sich die Erschließung des Aubrac in kleinen Schritten. Postkutschenverkehr und Warentransporte wurden möglich, sofern die Winter nicht zu hart wurden.

DIE LIBERALISIERUNG DES HANDELS

Im Zuge der Französischen Revolution und mit Beginn der jungen Republik wurden die steuerlichen Daumenschrauben gelockert, die bis dahin die ländlichen Gegenden zu ersticken drohten. Mit dem Edikt von Turgot wurden die Zünfte zuerst teilweise, dann 1791 gänzlich abgeschafft und die freie Ausübung von Handel und Handwerk überall und durch jedermann ermöglicht. Auch die Kirche und ihre Kongregationen, deren Eigentum beschlagnahmt und als nationales Eigentum verkauft wurden, übten im ländlichen Raum keinen Einfluss mehr aus. An ihre Stelle traten sogenannte „Bürger" und Geschäftsleute, die ihre Vermögen mit öffentlichen Aufträgen und der Leitung von Revolutionswerkstätten verdient hatten. Von der Domerie d'Aubrac, den Templern und Aristokraten kauften sie einen großen Teil der Bauernhöfe, Scheunen und Weiden zu Schleuderpreisen.

DER WIRTSCHAFTLICHE AUFSCHWUNG IM 19. JAHRHUNDERT

Eine langsame Verbesserung der ökonomischen Situation im ländlichen Raum wird während der sogenannten „Restauration" nach der Krönung

Das Dorf Laguiole um die alten Befestigungen.

Die Viehmärkte in Laguiole zogen beträchtliche Menschenmengen an.

von Louis XVIII in den Jahren 1815 bis 1830 spürbar. Der Herrscher glaubte, eine konstitutionelle Monarchie und einen ökonomischen Liberalismus durchsetzen zu können, der sich an den seit der Revolution erworbenen Freiheiten orientierte. Paradoxerweise stellte jedoch die Regierungszeit von Charles X. (1824-1830) den Wendepunkt für einen ökonomischen Aufschwung Frankreichs dar. Obwohl manche seine Thronbesteigung als Rückschritt in alte Zeiten ansehen, belegen Statistiken des Handels und der Agrarwirtschaft das Gegenteil. In dieser Phase des Um- und Aufbruchs siedelten sich in Laguiole die ersten Messerschmiede an.

Postkutschen verstopfen die Place de la Patte-d'Oie vor ihrer Weiterfahrt.

WER WAR DER ERSTE MESSERSCHMIED IN LAGUIOLE?

Über den genauen Zeitpunkt, an dem sich der erste Messerschmied in Laguiole niederließ, schweigen die staatlichen Urkunden. Man muss von einer gewissen Ungenauigkeit ausgehen, die jedoch auf zwei bis drei Jahre eingegrenzt werden kann. Durch Eintrag in einer Urkunde des Standesamts von Saint-Geniez-d'Olt ist im Jahr 1826 ein Antoine Moulin, von Beruf Coutelier, in Laguiole dokumentiert. Dessen Ehefrau Françoise Ferran brachte dort im Herbst 1826 einen Sohn zur Welt. Offiziell angezeigt wird, dass Antoine Casimir Moulin als Sohn von Antoine und Françoise bei den Eltern des Ehemanns in der Rue de la Rivière in Saint-Geniez-d'Olt geboren wurde und dass der Vater Coutelier, wohnhaft in Laguiole, war. Antoine Moulin selbst stammte aus Saint-Geniez, wo er am 18. Germinal des Jahres 13 (nach dem gregorianischen Kalender der 8. April 1805) geboren wurde. Sein Vater wiederum war dort in der Rue de la Rivière Besitzer und Betreiber einer Walkmühle.

Den Grund, warum Françoise ihren Sohn Antoine Casimir bei den Schwiegereltern in dem klimatisch günstiger gelegenen Tal von Saint-Geniez-d'Olt auf die Welt brachte, können meteorologische Aufzeichnungen erklären. In der Höhenlage von Laguiole kann der Winter unerbittlich sein, und der Herbst 1826 brachte vorzeitige winterliche Wetterbedingungen mit Regen und Schneefall. Der Dezember 1826 und die folgenden Monate waren jedoch milder, Regen und Sonne wechselten sich ab. Zwei Jahre später, dieses Mal in Laguiole, gebar Françoise Ferran einen zweiten Sohn von Antoine Moulin,

Capuchadou, Griff und Scheide aus Holz.

Capuchadou von Calmels in Laguiole mit Knochengriff.

François Moulin. Beide Kinder sollten später wie der Vater Couteliers werden.

Ungenaue Angaben

Am 6. November 1828 zeigt das Militärarchiv des Departements Aveyron in der Rekrutierungsliste an, dass Jean-Antoine Glaize (geschrieben Glayse) Coutelier in Laguiole war und dort auch geboren wurde. Er kam seiner Einberufung zuvor, indem er sich am 5. Dezember 1829 in Rodez freiwillig beim 5. Dragonerregiment verpflichtete. Es ist zu vermuten, auch wenn es das Archiv nicht verzeichnet, dass Glaize als Messermacher bei einem selbstständigen Messerschmied angestellt war, vielleicht bei Moulin.

Die Calmels-Dynastie

In dem ersten, 1898 gedruckten Katalog wird das Gründungsjahr der Messerschmiede Calmels in Laguiole mit 1829 angegeben. Der junge Pierre-Jean Calmels, geboren 1813, öffnete seine Messerwerkstatt im jugendlichen Alter von 16 Jahren. Er war damit der erste im Stammbaum der Calmels, einer renommierten Messerschmiede-Familie, die den Ruf des Dorfes Laguiole prägten. Pierre-Jean war der Sohn von Pierre Calmels, einem Schreiner aus Laguiole mit Spitznahmen „Bridoulet“, und dessen zweiter Ehefrau Marie Cayla. Sein Vater starb, als Pierre-Jean drei Jahre alt war. In erster Ehe war sein Vater, der Schreiner Pierre Calmels, mit Marie-Jeanne Gaubert verheiratet. Aus dieser Ehe entstammte eine Tochter, Élisabeth Calmels (geschrieben Calmel), welche Jean-Antoine Bouldoire, einen Coutelier aus Laguiole heiratete. Élisabeth Calmels war also die Halbschwester von Pierre-Jean Calmels.

Damit habe ich einen vierten Messermacher in Laguiole ausfindig gemacht: Jean-Antoine Bouldoire, im Jahr 1830 dreißig Jahre alt, geboren am 23. April 1800. Es ist nicht festzustellen, ob er einfacher Mitarbeiter eines Messerschmieds, selbständiger Messerschmied oder Teilhaber einer der genannten Messerschmieden war. Das Archiv verzeichnet das nicht. Jean-Antoine Bouldoire verstarb 1856, Pierre-Jean Calmels im Jahr 1876.

DAS DORF LAGUIOLE

Zu Beginn des 19. Jahrhunderts lag ein Teil des Dorfs Laguiole innerhalb der Festungsmauer am

Pierre-Jean Calmels (1813-1876), Schöpfer des Laguiole mit Yatagan-Klinge.

Arbeiter und Kinder vor dem Atelier der Messerschmiede Calmels in der Rue du Valat in Laguiole (Ende 19. Jahrhundert).

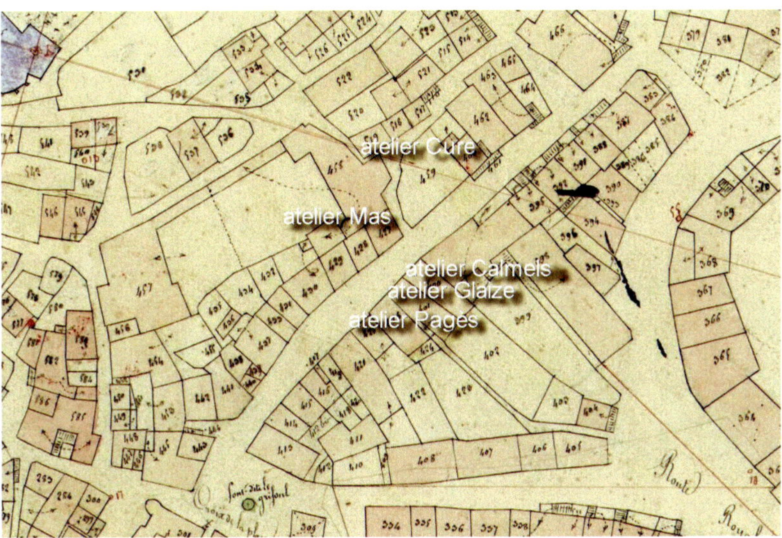

Fuß der Anhöhe mit der Kirche, die von den Bewohnern „Quartier du Fort" genannt wurde. Das Dorf erstreckte sich über den Weg nach Soulages-Bonneval, über das „Quartier du Faubourg" hin zur „Croix de la Place", wo man am Brunnen die Pferde tränkte. Auch die Dorfbewohner holten hier das klare, kalte Wasser vulkanischen Ursprungs für ihren Hausgebrauch. Die Postkutschen standen ausgespannt an der „Place de la Patte-d'Oie" neben einigen Herbergen und warteten dort auf ihre Ablösung und Weiterfahrt. Die Route Royale umging das Zentrum, an ihr entlang zog sich eine Häuserreihe bis zum Marktplatz.

Der Foirail

Viehmärkte, die mit großem Erfolg auf dem „Foirail" genannten Marktplatz stattfanden, zogen eine Vielzahl von Besuchern an, was Leben in Dorf und Geschäfte brachten. Stellmacher, Huf- und andere Schmiede errichteten in der Nähe des Marktgeländes am Dorfeingang Richtung Espalion und Rodez eigens Werkstätten an diesen Tagen.

Die Rue du Valat, das Herz von Laguiole

In der Rue du Valat lagen die Geschäfte. Die Straße verlief entlang der ehemaligen Festungsmauer und bildete das Zentrum des Dorfes mit den wesentlichen Geschäften: Eisenwarenhandlung, Metzgerei, Lebensmittelladen und Bäcker, darüber hinaus ein Uhrmacher, ein Metallhändler, ein Stellmacher und ein Schmied.

DIE ERSTEN MESSERATELIERS

Man weiß nicht genau, wo sich die allerersten Werkstätten befanden, doch eine am 23. Mai 1836 vom Notar Étienne Moulines ausgestellte Urkunde lässt vermuten, dass sich zu diesem Zeitpunkt bereits Messerschmiede in der Rue du Valat niedergelassen hatten. Die zukünftigen

Oben rechts: Lage der ersten Schmiedewerkstätten in der Rue du Valat in Laguiole. Katasterplan von 1841 (AD12-3P119-1 42 section 12).

Oben links: Die Rue du Valat.

Feststehendes Messer von Mas Cadet in Laguiole, um 1900.

Feststehendes Messer von Pagès in Laguiole (Ende 19. Jahrhundert).

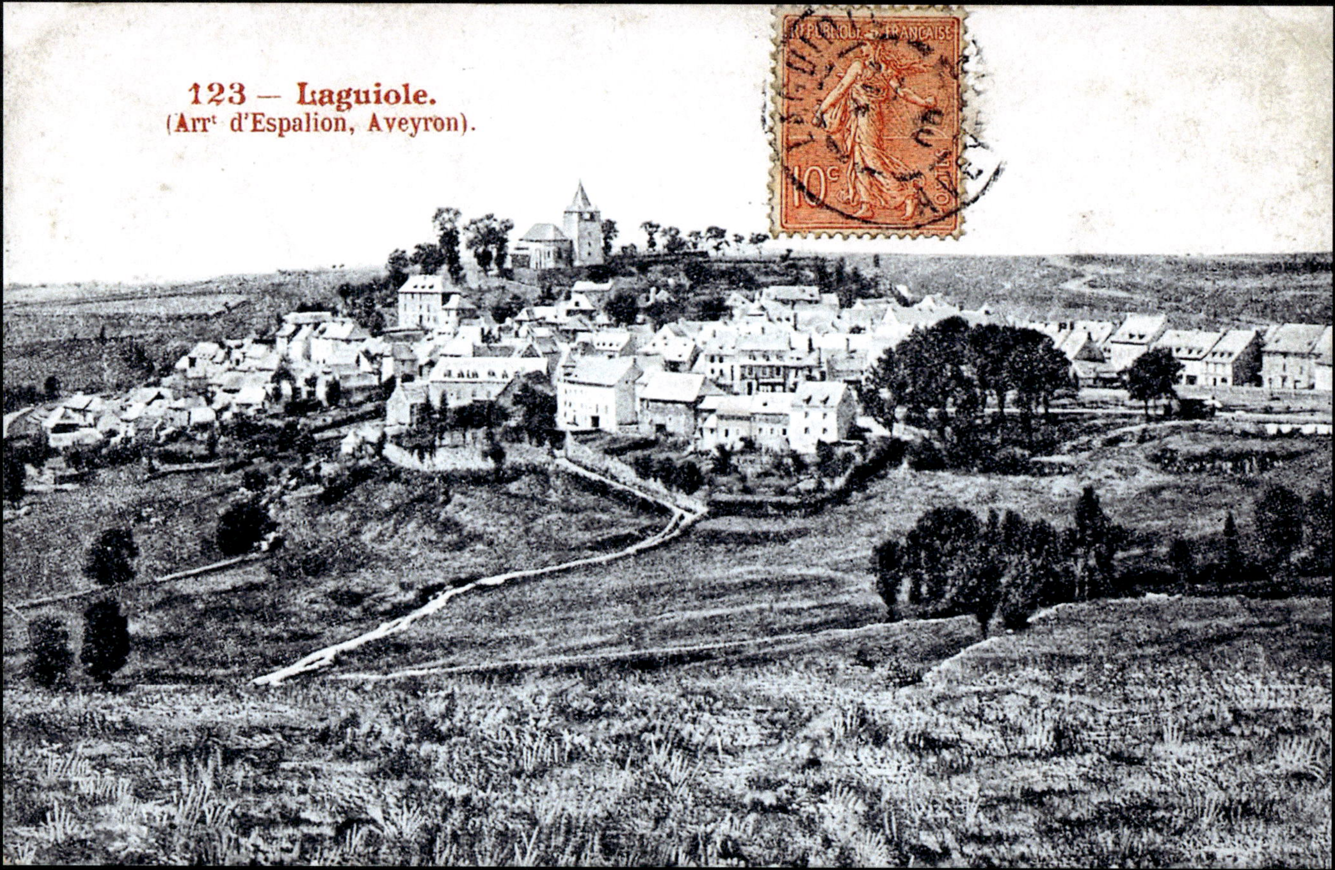
123 — Laguiole.
(Arrt d'Espalion, Aveyron).
REPUBLIQUE FRANCAISE
10c

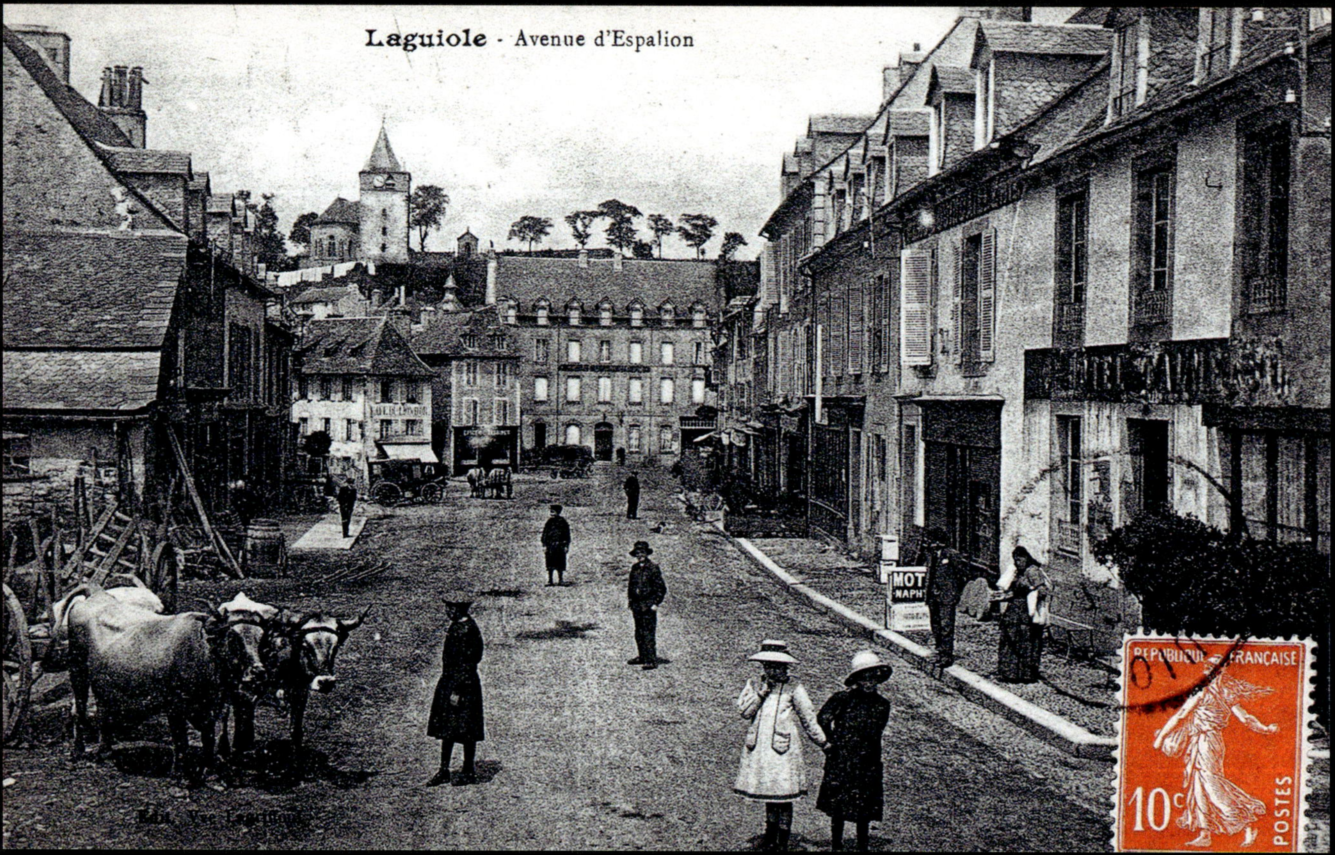
Laguiole - Avenue d'Espalion
REPUBLIQUE FRANCAISE
10c
POSTES

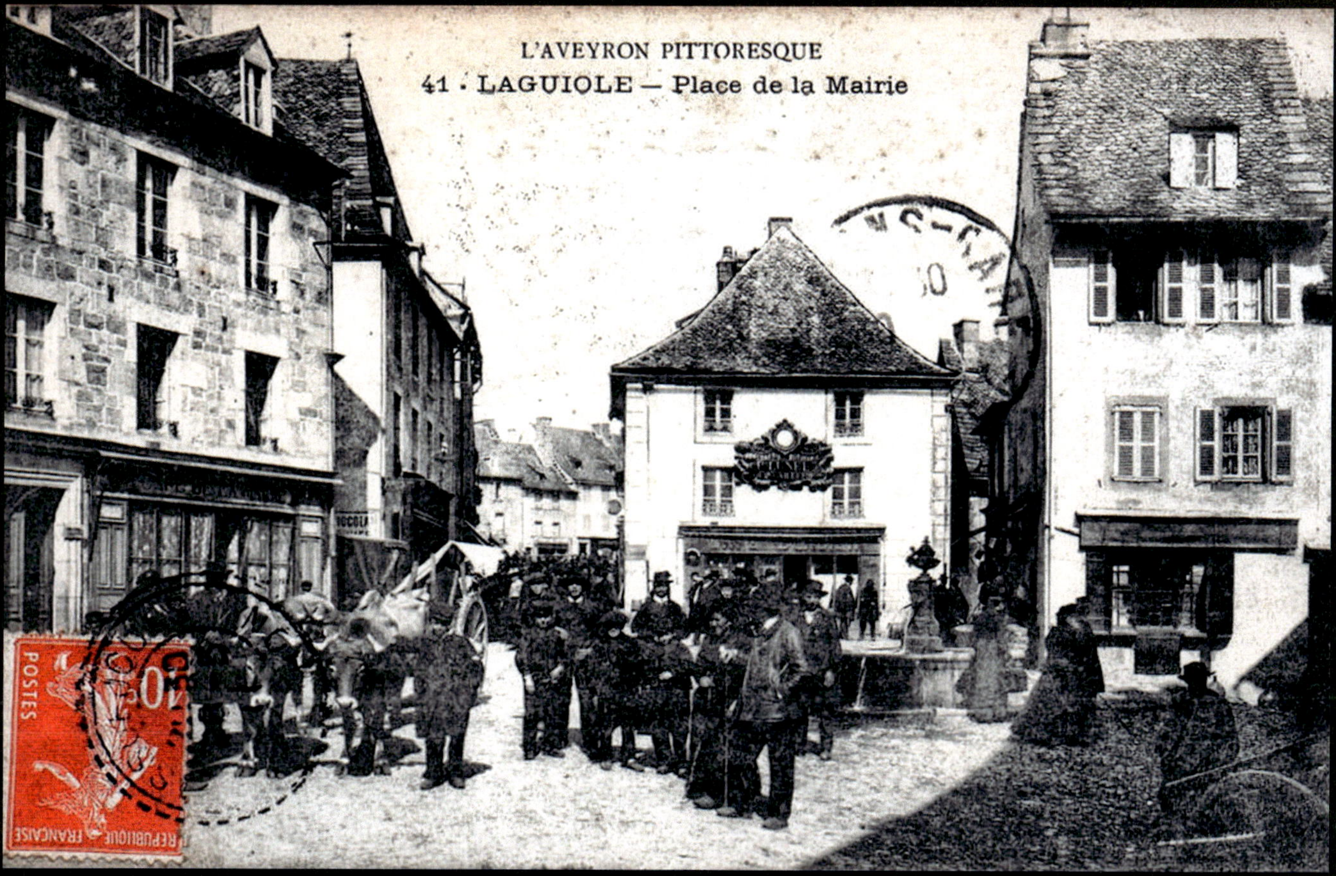
L'AVEYRON PITTORESQUE
41 · LAGUIOLE — Place de la Mairie
POSTES
10
RÉPUBLIQUE FRANÇAISE

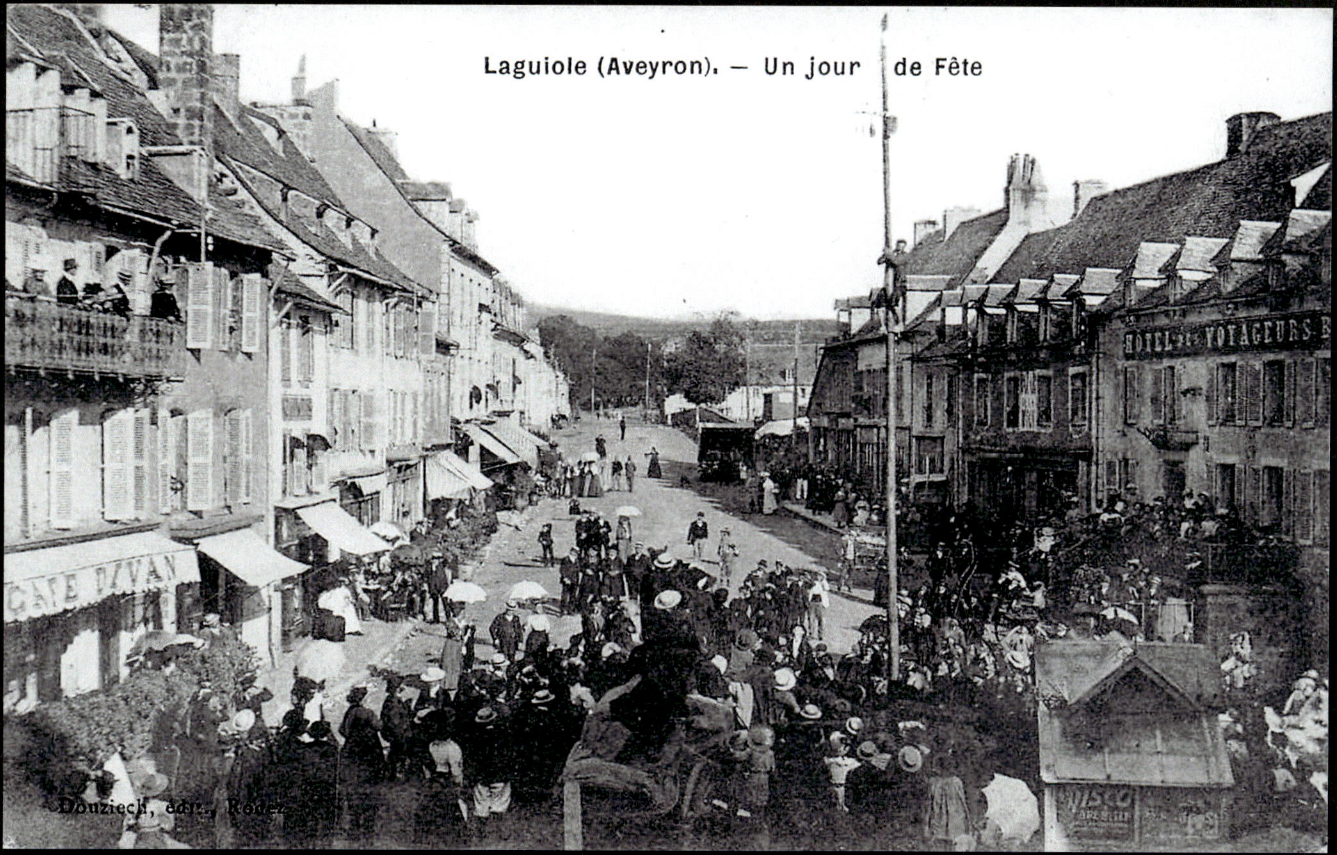
Laguiole (Aveyron). — Un jour de Fête
CAFE DIVAN
HOTEL DES VOYAGEURS
Douziech, édit., Rodez

Léon Glaize, genannt Glaizou, der letzte Messerschmied in der Rue du Valat, schloss sein Atelier 1950.

Marke des Couteliers Glaize auf einer Laguiole-Klinge.

Schwiegereltern von Pierre-Jean Calmels, die Familie Galandrin, vermachten ihm an diesem Termin ein Haus samt Werkstatt unter der Bedingung, dass Pierre-Jean Calmels und ihre Tochter Marie Galandrin Kinder zeugen würden. Der junge Messerschmied heiratete im Juni 1836, wurde Besitzer von Haus und Werkstatt und bekam Kinder. Zwei folgende Calmels-Generationen führten die Messerherstellung in dieser Werkstatt in der Rue du Valat fort.

Eine schwierige Ortsbestimmung

Für die Zeit von 1810 bis 1830 habe ich die Pacht- und Mietregister durchgesehen. Ohne Ergebnis, zumindest was die offiziell angemeldeten Personen betraf. Um weitere Ortsbestimmungen machen zu können, musste ich mich gedulden. Auch wenn es für Pierre-Jean Calmels zutraf: Nicht alle Handwerker waren Eigentümer ihrer Immobilie. Wurde eine Werkstatt vermietet, bevorzugte man den Handschlag, der mehr galt als ein schriftlicher Vertrag. Ausgenommen man ging zum Notar, was teuer war.

Die Produktpalette der Messerschmiede

Zu Beginn des 19. Jahrhunderts hatten die Messerschmiede in Laguiole den Platz der bisherigen Schneidwarenhersteller, der sogenannten „taillandiers“ eingenommen. Die Werkstätten schmiedeten kleine Beile, Messer für den Aderlass, Kochmesser, Tafelmessersets, Capuchadous, sowie erste Klappmesser aus Laguiole. Man produzierte auch Scheren für die Schafschur, denn zu Beginn des 19. Jahrhunderts war der Schafbestand auf dem Aubrac sehr umfangreich geworden. Man beweidete mit den Herden die weniger üppig bewachsenen Parzellen, um Wolle herzustellen, die dann bei der Nachtwache gesponnen wurde.

KLEINE FAMILIENBETRIEBE

Bis zur Mitte des 19. Jahrhunderts arbeiteten die Messerschmiede in kleinen Familienbetrieben, deren Belegschaft sich auf den Patron, also den Messerschmied und Inhaber selbst, beschränkte, manchmal unterstützt von einem Sohn oder Neffen. Um das Auftauchen der ersten „ouvriers-couteliers“ (angestellte Messermacher) datieren zu können, musste ich abwarten. Aktenkundig habe ich zwei Arbeiter im Messerhandwerk, im Jahr 1850 finden können, beide jedoch ohne Angabe eines festen Arbeitgebers. Ihre Namen waren Louis Rascalou und Alexis Basside.

Das Atelier Glaize

Jean-Antoine Glaize, den wir bereits bei seiner Meldung bei den Dragonern kennengelernt haben, gründete nach seinem Militärdienst eine eigene Werkstatt, in der er seinen Neffen, Jean-François Glaize, geboren 1840, als „garçon-coutelier“ (Jungschmied) angestellt hatte. Dieser Jean- François trat 1870 die Nachfolge seines Onkels an und bekam 1885 einen Sohn aus sei-

„Laguiole-Droit“ genanntes Messer von Glaize in Laguiole (Mitte 19. Jahrhundert).

Eines der ersten Laguioles mit Yatagan-Klinge, verziert mit einem Andreaskreuz (um 1860).

ner Verbindung mit Anne Lutran mit Namen Jean-Léon Glaize, in Laguiole liebevoll „Glaizou" genannt. Er war der letzte Messerschmied in der Rue du Valat. Er schloss seine Werkstatt 1950 und verstarb 1968.

Das Atelier Mas

Im Jahr 1850 gründeten Joseph und Jean Mas, Söhne eines Maulwurffängers aus Laguiole, eine Messerschmiede. Nach dem Ausscheiden von Joseph prägte sein jüngerer Bruder seine Messer mit „Mas Cadet" (Mas der Jüngere). Er hatte zwei Söhne: Jean-Louis Mas, geboren 1864, und Joseph, geboren 1874. Jean Mas verstarb 1896. Das Atelier prägte aber weiter „Mas Cadet" auf die Klingen. Die Schmiede lag in der Rue du Valat, direkt gegenüber von Calmels. Zusätzlich zum Patron beschäftigte man zwei Arbeiter. Die Produktion endete 1908.

Das Atelier Pagès

Im Jahr 1860 ließ sich auch Joseph Pagès als Messerschmied in der Rue du Valat nieder, und zwar in direkter Nachbarschaft der beiden anderen Schmieden. Zum Zeitpunkt seiner Ansiedlung waren die Calmels bereits seit zwei Generationen in der Messerbranche. Joseph Pagès heiratete 1861 Jeanne Nayroles. Das Paar bekam am 4. Dezember 1867 einen Sohn, Pierre-Henri Pagès, genannt Henri, ein künftiger Messerschmied. Der Enkel, Adrien Pagès war ebenfalls als Coutelier im Familienbetrieb tätig, bevor er nach Paris „hinaufzog", wo er das Messergeschäft „Pagès de Laguiole" eröffnete, das in den Jahren 1920 bis 1930 aktiv war.

OUVRIERS-COUTELIERS – DIE ANGESTELLTEN MESSERMACHER

In den 20 Jahren zwischen 1850 und 1870 stieg die Zahl der angestellten Messermacher stark an und erreichte 1870 insgesamt 13 „ouvriers-couteliers": Alexis Basside, Jean-Baptiste Bonnefant, Pierre Castel, Louis Costes, Pierre-Napoléon Galandrin, Melchior Lagriffoul, Jean Lunel, Auguste Lunel, Pierre Raffy, Henri Rascalou, Louis Rascalou, Auguste Valéry und Jacques Valéry. Die Lunels und Raffy waren für eine kurze Zeit selbstständige Couteliers.

Ein geringer Personalbestand

In der Rue du Valat in Laguiole gab es im Jahr 1890 vier Messerschmieden: Calmels, Glaize, Mas und Pagès. Das entsprach 30 Arbeitsplätzen, wenn man Inhaber, Ehefrauen, Lehrlinge und Mitarbeiter zusammenzählt. 1911 beschäftigten die Messerschmieden 13 Messerschmiede und Mitarbeiter, „ouvriers-couteliers" oder „garçons-couteliers" genannt: Célestin Benel, Jean Cayla, Jules Cayla, Henri Cure, Jean Escalop, Henri Galandrin, Louis Mas, Philippe Mas, Pierre Raffy, Jules Rascalou, Henri Rascalou und Émile Séguis. Die Jahre zwischen 1890 und 1910 waren die erfolgreichsten Jahrzehnte für die Messerschmiede in Laguiole, die Werkstätten liefen auf vollen Touren.

Henri Pagès (1867-1917), Sohn von Joseph Pagès.

„Pointillage": Ein Dekor um den mittleren Niet auf einem Laguiole um 1860.

DIE SELBSTSTÄNDIGEN MESSERSCHMIEDE, DIE COUTELIERS INDÉPENDANTS

Für das Jahr 1911 ist von zwei Brüdern zu berichten, die als Kinder eines in Laguiole ansässigen Schreiners in Viviez geboren wurden: am 10. Oktober 1872 Henri Charles Cure, „ouvrier-coutelier" und am 5. März 1876 Casimir Cure, der seinen Beruf als selbstständiger Messermacher, sogenannter „coutelier indépendant", in der Rue du Valat ausübte und seine Messer mit der Aufschrift Cure-Cadet prägte. Er starb am 28. Juli 1915 auf dem Schlachtfeld. Sein Bruder Henri eröffnete ein Atelier mit Schmiede als selbstständiger Messermacher in der Rue Blanchou, unterhalb des Quartier du Fort, zwei Schritte von der Rue du Valat entfernt. Sie schloss 1950.

Die Geburt des Laguiole-Messers

Von den Messermachern aus Saint-Etienne, die sich in Espalion als Hersteller oder Monteure von Messern des Typs Forez niedergelassen hatten, haben wir bereits berichtet. Auch von den auvergnatischen Hausierern, die mit einem Pferd und zwei mit Eustaches beladenen Maultieren von Hof zu Hof zogen, um sie den Bauern zu verkaufen. Die Aubrac-Bauern hatten nach wie vor Eustaches in ihren Schubladen oder Hosentaschen. Als sich die ersten Messerschmiede, darunter Pierre-Jean Calmels, in Laguiole niederließen, hatten sie diese auf jeden Fall in ihren Händen, um sie zu schärfen, um die Rosetten der Klingenachse zu ersetzen oder einen Niet wieder zu befestigen. Die Form dieser Jambettes Foréziennes, Eustaches genannt, war ihnen allen also gut bekannt.

EINE GROSSE MODELLVIELFALT

Etwas willkürlich unter den Namen Jambette, Capucin oder Eustache eingeteilt, zeigten die Messer aus Saint-Etienne oder Espalion eine große Modellvielfalt: Messer mit einer Bourbonnaise-Klinge und einem Horngriff, der in einer Vogelkopfform, genannt „bec de corbin“, endete. Dazu Messer mit einer Stylet-Klinge (Schaffußklinge) und einem Griff aus gedrechseltem Buchsholz (ich habe Exemplare mit der Markierung „Canel“ gefunden). Schließlich Messer mit heiß gepressten Holzgriffen und gekrümmtem Profil. So wie die späteren Laguioles, die, dann mit einer Yatagan-Klinge ausgestattet, die Laguiole-Messer berühmt machen sollten.

Eine Klinge, die schneidet … sonst nichts

Allerdings gab es einen Haken: Keines dieser Modelle verfügte über eine Arretierung, um die Klinge anders als durch den Druck, den die Hand beim Schneiden ausübte, zu fixieren. Die Klingen der Messer aus Saint-Etienne schnitten sehr gut, sie wurden aus dem Stahl der Hütten von Rives geschmiedet, einem Erz verarbeitenden Ort im Dauphiné. Rives hatte das Liefermonopol für den Stahl von Saint-Etienne. Da der Stahl seinerzeit teuer war, reduzierten die Schmiede die Dicke der Klingen auf ein Minimum, so dass sie gut schnitten und ausreichend widerstandsfähig waren. An der Klinge gab es kein Gramm Stahl zu viel.

Kein Ressort, dafür eine Linse

Um die Arbeitszeit kurz und damit den Preis niedrig zu halten, erhielt das Messer keine Feder (Ressort). Man versah das Ende der Klinge mit einer T-förmigen Ausbuchtung, von den Couteliers „lentille“ (Linse) genannt. Beim Schneiden drückte das T der Klinge auf den Griff als Gegenlager. Die Klinge wurde durch diese einfache Vorrichtung ausgeklappt gehalten. Der größte Nachteil dieser Messer bestand darin, dass nichts die Klinge daran hinderte, sich in der Hosentasche zu öffnen, was bei einer falschen Bewegung böse Verletzungen nach sich ziehen konnte,

Rechte Seite: „Jambettes stéphanoises“, die die Messerschmiede in Laguiole beeinflussten. Sie besaßen kein Ressort.

Unten: „Jambettes stéphanoises“ mit Yatagan-Klinge. Die Inspirationsquelle für die Erschaffung des Laguiole mit Yatagan-Klinge (18. Jahrhundert).

Fig. 7.
Fig. 6.
Fig. 1
Fig. 3
Fig. 5
Fig. 2.
Fig. 4.
Fig. 3.
F. 8.
F. 10.
F. 9.
F. 11.
14.
Fig. 28
F. 20
F. 22
F. 26.
F. 19
F. 21.
25.
F. 27.
Fig. 31.
Fig. 32.
Fig. 34.
Fig. 33.

Detail einer „lentille“: Sie diente anstelle eines Ressorts als Klingenstopp auf den Jambettes oder Eustaches.

Laguiole-Droit, Glaize, um 1860.

oder man schnitt sich in die Hand, wenn man in der Tasche nach dem Messer suchte.

Ich hatte die Möglichkeit, eines der ersten Messer mit Linse statt Feder des Coutelier Thibaud in Sévérac-le-Château zu untersuchen. Derselbe Linsenmechanismus fand sich ebenfalls bei den ersten Winzermessern aus dem Vallon de Marcillac, geschmiedet von Gouzy, einem Taillandier in Rodez. Auch bei Pierre Cance-Couly, Jean-Antoine Raffy und Joseph-Henri Poujols, alles Schmiede in Marcillac. Dieses Winzermesser nannte man „Liadou“.

DAS LAGUIOLE-DROIT UND SEINE MOUCHE

Das erste in Laguiole hergestellte Messer mit Ressort hieß „Laguiole-Droit“. Es verfügte über eine Rückenfeder (Ressort), das die Klinge sowohl geöffnet wie geschlossen in Position halten konnte. Das Ressort besaß eine Mouche (Fliege), ein alter Begriff in der Messerterminologie, der schon zu Beginn des 18. Jahrhundert verwendet wurde.

Der Cran d'arrêt

Der Cran d'arrêt ist ein Verriegelungs- oder Sperrsystem der Klinge, das man seit dem Ancien Régime (17. Jahrhundert) kennt. Der Mechanismus kopiert den eines Türschlosses, wobei die Klinge an der Griffseite eine Nut, das Ressort einen Zapfen besitzt. Damit ist es unmöglich, die Klinge ohne Gewalt einzuklappen, ohne dabei zu riskieren, den Mechanismus zu beschädigen. Um das Messer sachgerecht zu schließen, musste man das Ressort an der Mouche anheben.

Stylet- oder Bourbonnaise-Klingen

Einige Laguiole-Droit besaßen Stylet-Klingen (Schaffußklingen). Das heißt, die Spitze befand sich direkt in der Verlängerung der geraden Schneide des Messers. Dabei handelt es sich um einen Begriff aus der Fachsprache der Messermacher, der nichts mit dem Stilettdolch zu tun hat. Andere Laguiole-Droit besaßen Bourbonnaise-Klingen – so nennt man Klingen, deren Schneide- und Rückenlinien parallel zueinander verlaufen, bevor sie sich vorne in der Mitte der Längsachse der Klinge treffen.

Griff

Der Griff bestand aus Horn oder Knochen, die bei den Metzgern der Gegend als Reststoffe beim Schlachten der Aubrac-Rinder anfielen. Der Rücken des Griffs konnte entweder geradlinig sein oder zum Griffende hin eine leichte Krümmung aufweisen, die die Couteliers wegen ihrer Form dann als Bec de Corbin (Rabenschnabel) bezeichneten.

Ein Dorn kommt hinzu

Für die wohlhabendere Kundschaft tauchen gegen Ende des 19. Jahrhunderts Laguiole-Droit mit Elfenbeingriffen auf. Ab Beginn der 1830-1840er Jahre stattete man das Laguiole-Droit mit einem Dorn aus, einer schwenkbaren Ahle, die am Endniet des Griffes montiert wurde (siehe Seite 56 unten). Dieser lange, spitze Dorn ermöglichte es den Bauern des Aubrac, den Pansen der Kühe zu durchstechen, um Blähungen aufzulösen, die durch Verdauungsstörungen ausgelöst wurden. Diese entstanden vor allem durch feuch-

JAMBETTE-STÉPHANOISE ALS INSPIRATION

Untersucht man die Form eines Laguiole-Droit, seine Klinge und seinen Griff, versteht man, dass die „Jambette“ aus Saint-Etienne als Quelle der Inspiration diente. Die Jambette war im Aubrac weit verbreitet und wurde bis zum Ende des 19. Jahrhunderts in Saint-Etienne hergestellt, in Espalion bis zum Ende des Ancien Régime.

tes Gras oder Klee. Der Pansen einer Kuh konnte sich soweit aufblähen, dass die Atmung versagte und das Leben des Tiers gefährdet war. Das einzige wirksame Mittel, das man direkt auf der Weide oder Alm anwenden konnte, war das Durchstechen des Kuhpansens mit dem Dorn seines Messers oder der Spitze eines Capuchadou. Sofern möglich, führte man danach einen hohlen Strohhalm ein, durch den die Gärgase entweichen konnten.

Da die Sommerweiden oft mehrere Stunden Fußweg vom nächsten Tierarzt entfernt lagen, mussten sich die Bauern selbst helfen können, wenn Tiere verarztet werden mussten. Auf einen Tierarzt griff man nur als letztes Mittel zurück, wenn alle hergebrachten, von den Alten tradierten Methoden fehlgeschlagen waren, denn ein Tierarzt war teuer und belastete den bäuerlichen Geldbeutel. Der Dorn ermöglichte auch, ein zusätzliches Loch in einen Gürtel zu bohren oder die Gurte eines Pferde- oder Ochsengeschirrs zu reparieren. Er war also ein wichtiges Werkzeug.

Die Produktion bis zum Ende des 19. Jahrhunderts

Die Herstellung des Laguiole-Droit im Aubrac ist bis zum Jahr 1898 belegt, denn es existiert ein handschriftliches Musterbuch des Messergroßhändlers Fourbert-Denisard aus Crépy-en-Valois im Departement Oise, der mit Mas in Laguiole zusammenarbeitete. Der Messerschmied Mas belieferte Fourbet-Denisard, der seinerseits die Produkte an den Fachhandel vertrieb. Mas stand auf der Lieferantenliste, am Kopf des Verzeichnisses, mit Angabe der Seitenzahl, auf denen mit Handzeichnungen alle lieferbaren Messermodelle mit Referenznummer und den verschiedenen Größen aufgeführt waren, die der Schmied liefern konnte. Im Jahr 1898 erschienen nur noch zwei Laguiole-Droit auf der handgezeichneten Liste. Alle anderen Laguiole von Mas waren typische Laguiole mit Yatagan-Klinge, wie wir sie heute kennen.

DIE ERSTEN LAGUIOLE MIT YATAGAN-KLINGE

Widmen wir uns zunächst der Datierung der ersten Laguiole mit Yatagan-Klinge. Diese schlanke, spitze Klingenform existierte in Europa seit galloromanischer Zeit. Im Mittelalter wurde sie bevorzugt für feststehende Messer verwendet, im 18. Jahrhundert taucht sie bei Messern der Bourgeoisie auf. Das klassische Laguiole erkennt man an drei markanten Merkmalen: der Mouche, dem am Ende gewölbten Griff und der Yatagan-Klinge. Es gleicht keinem anderen Messer. Legen Sie zehn Messer aus verschiedenen Regionen nebeneinander, eines neben das andere, und ein Normalverbraucher ohne besondere Fachkenntnisse wird das Laguiole-Messer ohne Zögern erkennen.

Die Urheberschaft wird Pierre-Jean Calmels zugesprochen

Im Volksmund gilt Pierre-Jean Calmels, jener junge Coutelier aus Laguiole im 19. Jahrhundert, als der Urheber des „Laguiole". Ich sehe keinen objektiven Grund, diese Zuschreibung in Frage zu stellen, aber die Datierung „im 19. Jahrhundert" muss präzisiert werden. Denn ohne jeden Beleg siedelten die Kommentatoren die Erfindung des Laguiole durch Pierre-Jean Calmels im Jahr 1829 an. Diese Information, die ungeprüft von allen Autoren in der Fachliteratur übernommen wurde, ist ernsthaft zu hinterfragen und um etwa 20 Jahre nach hinten in die Zeit der Abschaffung der Juli-Monarchie (1830-1848) und der Gründung der 2. Republik (1848-1851) zu verschieben. Als Pierre-Jean Calmels begann, das Laguiole mit Yatagan-Klinge zu produzieren, war er kein 16-jähriger Berufsanfänger mehr, sondern eher 40 Jahre alt und verfügte über viel Erfahrung.

Die präzise Datierung durch einen privaten Brief

Aufgrund eines privaten Briefs ist es möglich, das Auftauchen des Yatagan-Laguiole genauer zu datieren: Am 25. März 1890 schickte Séverin Salettes aus Laguiole dieses Schreiben an Camille Pagé, einen Messerschmied in Châtellerault und künftigen Autor der monumentalen Enzyklopädie „La coutellerie des origines à nos jours" (Die Messermacherei – von den Anfängen bis zu unserer Zeit), erschienen als Loseblattsammlung in sechs Büchern ab 1896. Dieses Schreiben habe ich, gebunden und gefaltet, in einem Karton im Privatarchiv von Camille Pagé entdeckt.

Dank dieses Briefwechsels ist das Auftauchen des „Laguiole-Yatagan" und seine genauere Datierung möglich, nämlich für den Zeitraum zwischen 1850 und 1860. Pierre-Jean Calmels verstarb schließlich am 23. Oktober 1876, ungefähr 20 Jahre nach dem Entstehen des berühmten Messers.

Laguiole-Yatagan mit Mouche à cran d'arrêt. Calmels, um 1878.

Camille Pagé, Empfänger des Briefs vom 25. März 1890.

Dieser Brief mit Datum vom 25. März 1890 ist in kleiner, feiner Schrift (siehe rechte Seite) von Séverin Salettes auf kariertem Papier verfasst. Als ihn die Anfrage von Camille Pagé zu den Messern von Laguiole erreichte, war er Bürgermeister von Laguiole. In seiner Antwort gab er genauestens Auskunft über die Entwicklung der Formen der Laguiole-Messer, die Organisation der Werkstätten und Betriebsabläufe in Laguiole, die Arbeiterschaft im Messerhandwerk, sowie über Herkunft und Qualität der in Laguiole geschmiedeten Klingen. Alles Informationen aus erster Hand, denn er stammte von dort und war über die Messerszene in Laguiole bestens informiert. Also eine Quelle von höchstem Rang.

Séverin Salettes: Arzt und Bürgermeister von Laguiole

Séverin Salettes wurde am 5. Februar 1824 in La Terrisse geboren, einer Nachbargemeinde von Laguiole, wenige Jahre vor der Ansiedlung der ersten Messerschmieden im Aubrac. Er studierte Medizin und ließ sich gegen 1852 als Dorfarzt in Laguiole nieder. Er wohnte an der Place de la Fontaine im Zentrum von Laguiole, zwei Schritte von der Kreuzung mit der Rue du Valat entfernt, wo sich die Messerwerkstätten befanden. Man kann davon ausgehen, dass er die Arbeiter und Patrons der Messerwerkstätten nicht nur betreute, sondern deren Geheimnisse kannte und bisweilen ihre letzten Atemzüge erlebte. Darüber hinaus verkehrte er täglich mit der Dorfbevölkerung, denn Dr. Séverin Salettes wurde 1882 bei der ersten allgemeinen Wahl zum Bürgermeister von Laguiole gewählt. Er verwaltete das Gemeindeleben und saß dem Gemeinderat von 1882 bis 1892 vor. Er starb 1898.

In jenem Brief von Salettes, der offiziell über die Gemeindeverwaltung verschickt werden sollte, bemerkte er kurz vor dem Versand, dass er der Vollständigkeit halber auch zwei weitere Hersteller nennen müsste. Der Brief selbst war mit blauer Tinte geschrieben, und er ergänzte ihre Namen mit grauer Tinte: Mas und Glaize (geschrieben Gleize), um keine Eifersüchteleien zu schüren für den Fall, dass der Brief von einem Angestellten oder Sekretär gelesen und im Dorftratsch den Betroffenen hinterbracht würde, was wiederum einen kleinen Skandal hätte auslösen können.

1850-1860 Der Übergang vom Laguiole-Droit zum Laguiole-Yatagan

In seinem Brief beschrieb der Bürgermeister, dass die Weiterentwicklung der Messerform 1850 begonnen habe und dass die Messer 1860 eine Eleganz erreicht hätten, die ihnen zuvor fehlte: „schlank und wohl anzusehen“. Was Séverin hier beschrieb, war der Übergang vom Laguiole-Droit „von einfacher und solider Form“ zum klassischen Laguiole mit Yatagan-Klinge, das wir heute kennen, mit einem eleganten, geschwungenen Griff, „schlank“, wie es Séverin Salettes so schön sagte.

„Ihnen fehlt Brillanz und Politur“ schrieb der Arzt aus Laguiole und wollte damit die in Laguiole genutzten Methoden und Materialien für das Finish der Klingen und Griffe ansprechen. Wir werden darauf im folgenden Kapitel zurückkommen, das den Werkstätten gewidmet ist.

DIE QUELLE DER INSPIRATION

Pierre-Jean Calmels hatte seine Inspirationsquelle täglich vor Augen, nämlich die Jambette-Stéphanoise (Jambette aus St.-Etienne) mit Yatagan-Klinge und gebogenem Griff. Dieser Messertyp lag noch in vielen Tischschubladen der Bauernhäuser herum oder wurde von den Bauern in der Hosentaschen getragen. Das Genie von Pierre-Jean Calmels bestand darin, die Architektur dieses Messers zu verfeinern und dabei dessen exzellente Benutzerfreundlichkeit zu erhalten. Er hatte die Idee, das Messer mit einem Ressort mit Mouche und Cran d'arrêt auszustatten, die Yatagan-Klinge beizubehalten, sie aber weiter zu verfeinern und zu verschlanken. Die Krümmung des Griffs sollte bewahrt werden, der Griff ebenfalls schlanker und runder werden. Damit war das Laguiole mit Yatagan-Klinge geboren.

Pierre-Jean Calmels perfektionierte die Form zwischen 1850 und 1860, verbesserte Handlichkeit und Schneidverhalten und verlieh dem Messer dadurch diese gelungene Eleganz, die alle Blicke auf sich zog: eine einzigartige Form, die keiner anderen gleicht.

Séverin Salettes über die Messer von Laguiole

Laguiole, 25. März 1890. Monsieur Pagé, wenn auch etwas spät, übermittle ich Ihnen gerne die gewünschten Auskünfte über das Messerwesen in unserer Gemeinde. Meine derzeit besonders zahlreichen Beschäftigungen erlaubten mir nicht, dies vorher zu tun.

Der Ursprung des Messerschmiedehandwerks in Laguiole geht zurück auf den Anfang des 19. Jahrhunderts. Dieses Gewerbe war zu Anfang recht mittelmäßig, hat mit der Zeit jedoch ein beträchtliches Ausmaß angenommen.

Im Jahr 1850 hat es durch die Güte der hier geschmiedeten Klingen ein gewisses Ansehen erlangt. Zu dieser Zeit hatten die Messer eine einfache und solide Form, jedoch wenig Eleganz.

Im Jahr 1860 hat man sie perfektioniert, sowohl was die Form als auch das Material angeht. Die Herstellung hat sich über einen längeren Zeitraum entwickelt. Es gab nur zwei Hersteller. Die Anzahl hat sich bis auf fünf gesteigert, von denen jeder sechs Arbeiter unter sich hatte. Heute hat das Messerwesen seine Blüte erreicht, unter den 30 Arbeitern, die diese Kunst ausüben, fallen einige auf durch ihre Gewandtheit und Geschicklichkeit. Zwei Fabrikate genießen einen recht schönen Ruf, es handelt sich um die Herrn Pagès und Calmels. Zur Art der Messer, die in unserer Gemeinde hergestellt werden, lässt sich folgendes berichten:

Die Messer erhielten die Eleganz, die ihnen im Jahr 1850 abging. Sie sind schlank, dem Auge gefällig. Was sie vor allem auszeichnet, ist die Güte der Messerschneide.

Diese Güte hat verschiedene Gründe, von denen ich die wichtigsten nenne: die Härtung und die Qualität des Wassers. Unser Wasser ist Quellwasser, es ist übermäßig kalt. Darüber hinaus besitzt es gewisse spezielle Eigenschaften, die es aus unserem vulkanischen und basaltigen Boden zieht. Man geht stark davon aus, dass diese Eigenschaften dem Stahl die Härte und Güte verleihen, die wir dort allgemein feststellen.

Ich könnte ihre Aufmerksamkeit auf einen kleinen formalen Makel unserer Messer lenken. Es fehlt ihnen an Strahlkraft, an Glanz, über den die Messer von Thiers und Langres verfügen. Dies liegt darin begründet, dass es unseren Herstellern noch nicht in den Sinn kam, anspruchsvolle Maschinen zu besorgen, die durch ihre Beschaffenheit dem Messer die letzte Perfektion verleihen. Dies ist eine Lücke, die wir zügig füllen werden.

Nebenbei möchte ich Ihnen noch von einem Messer mit einer speziellen Form berichten, das in der Gegend sehr beliebt ist. Es trägt den Namen Capuchadou. Man schätzt es wegen seiner Annehmlichkeit. Seine Klinge ist sehr stark, endet in einer Spitze und ist feststehend.

Dies sind einige Auskünfte, die ihnen zu vermitteln mich glücklich macht.

Ihnen, Monsieur Pagé, meine Anerkennung und Ergebenheit, der Bürgermeister.

Gez. Salettes

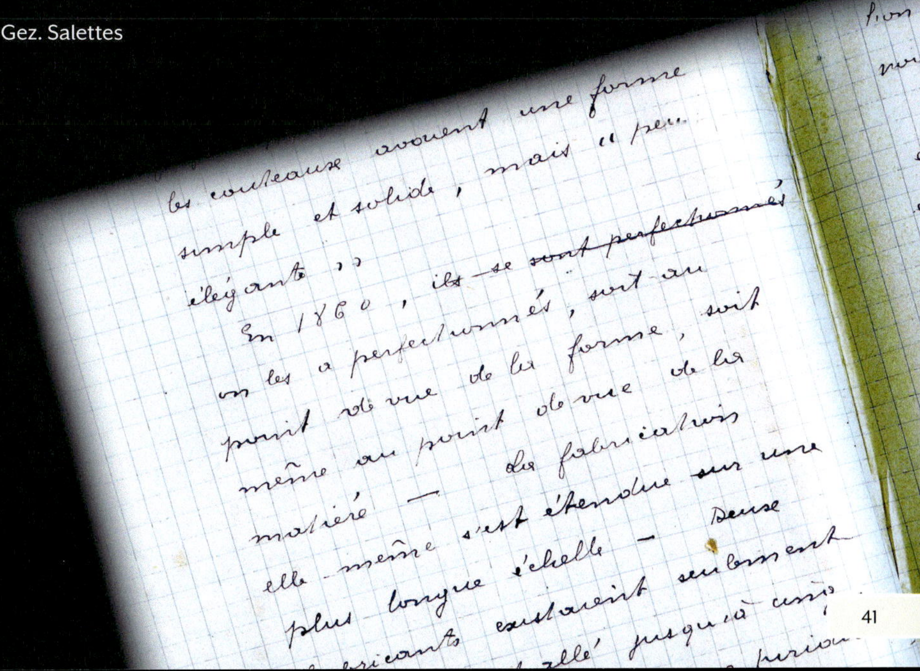

les couteaux avaient une forme
simple et solide, mais « peu
élégants ». ~~ils se sont perfectionnés~~
En 1860, on les a perfectionnés, soit au
point de vue de la forme, soit
même au point de vue de la
matière — La fabrication
elle-même s'est étendue sur une
plus longue échelle — deux
fabricants existaient seulement

Die alten Werkstätten in Laguiole

Zusammen mit ihren Vitrinen versammeln sich die Messerschmiede aus der Rue du Valat vor dem Fotografen (Ende 19. Jahrhundert).

Im 19. Jahrhundert befanden sich alle Messerwerkstätten in der Rue du Valat. Sie waren direkte Nachbarn oder lagen sich in der Häuserzeile gegenüber. Die Straße mündete auf der einen Seite in die Route Royale, später Route Impériale, und auf der anderen Seite auf die Place de la Fontaine. Nur die Werkstatt von Pagès lag drei Häuser von den anderen Werkstätten entfernt, jedoch ebenfalls in der Rue du Valat. Man konnte sich praktisch zuwinken, sich von der einen zu anderen Werkstatt austauschen und sehen, womit die andere Werkstatt gerade beschäftigt war. Man sah auch, wer kam und ging. Das Leben in den Werkstätten war gesellig, die Beziehungen zwischen den Messermachern herzlich und von Respekt gegenüber der Arbeit des anderen geprägt. An sonnigen Tagen räumten die Messerarbeiter während der Pausen Kisten auf die Straße, um sich darauf zu setzen und mit den benachbarten Messermachern zu plaudern, eine Pfeife zu rauchen oder „die Kehle zu spülen", die von der Schmiedearbeit oder vom Polieren ausgetrocknet war.

LANGE ARBEITSTAGE

Um vom Tageslicht profitieren zu können, öffneten die Werkstätten in der warmen Jahreszeit sehr früh, gegen sechs Uhr. Arbeiter und Patron verbrachten dann lange Arbeitstage von mindestens zehn Stunden, unterbrochen von mehreren Pausen, in denen ein Stück Speck oder Dauerwurst verzehrt wurde. Dazu trank man einen Krug leichten Wein von den Hängen d'Entraygues oder d'Estaing. Im Winter bauten die Arbeiter für den Imbiss Böcke mit einem Brett als Tischplatte neben der Feuerstelle in der Schmiede auf. Gegenüber der Straßenfassade, hinter dem Atelier, besaßen alle Werkstätten einen kleinen Hof, wo man im Sommer die Bretter für Tische und Bänke aufbaute. Zur Mitte des 19, Jahrhunderts schliefen die Arbeiter bei ihrem Patron unter dem Dach im zweiten Stock, der Patron und seine Familie bewohnten den ersten Stock. In den 1900er Jahren fanden die Arbeiter, allein oder mit Familie, meist Unterkunft im Quartier du Faubourg oder im Quartier du Fort.

DIE HEKTIK DER MARKTTAGE

An den Tagen des Viehmarkts war die Rue du Valat schwarz vor Menschen. Viehzüchter, Bauern und Viehhändler kamen zum Einkaufen. Sie nutzten die Gelegenheit nach der manchmal sehr langen Anreise, um ihre Klingen schärfen oder austauschen zu lassen, manchmal, um ein neues Messer zu kaufen. In den von der Landbevölkerung überlaufenen Werkstätten herrschte Betriebsamkeit und Hektik. Die Chefin und ihre Töchter kümmerten sich um den Ansturm und hielten die Kunden dazu an, im Eingangsbereich zu bleiben, weil die Werkstatt keinen ausgewiesenen Verkaufsraum besaß und unterdessen weiterlief. Draußen am Haus hingen Vitrinen mit Messern, und die Kunden deuteten mit dem Finger auf das gewünschte Messer. War es vorrätig, holte es die Frau des Schmieds aus einem Schubladenschränkchen. Wenn nicht, musste der Kunde es bestellen und bei seinem nächsten Aufenthalt abholen.

DIE FERIEN DER AVEYRONNAISER AUS PARIS

Als 1878 der Schienenverkehr das Aveyron endlich erschlossen hatte, konnte man auch für kurze Ferien mit dem Zug zurück aufs Land fahren; die „Aveyronnais de Paris“ kehrten in ihre jeweiligen Dörfer zurück und benutzten die Gelegenheit, um einen Ausflug nach Laguiole, in die Stadt der Messer, zu unternehmen. Auch zur Sommerfrische kam man zu einer sogenannten „Milchkur“ auf das Aubrac, zur „gaspe“. Die Pariser (auf dem Aubrac nannte man die ausgewanderten Aveyronnaiser „Pariser“) flanierten durch

Die „Pariser“, hier auf Urlaub in der Heimat, bildeten eine treue Kundschaft der Messerschmiede in Laguiole.

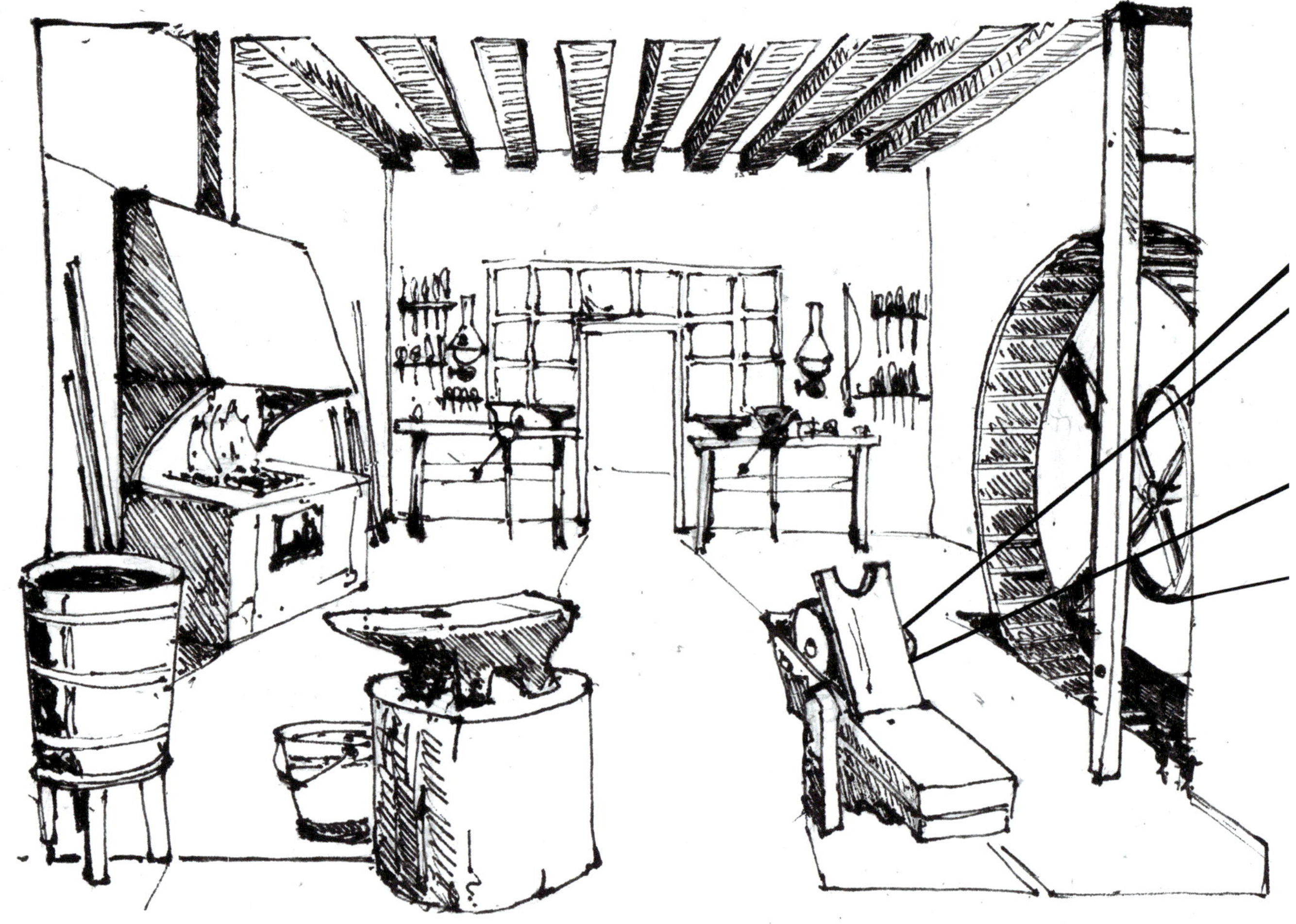

Das Innere einer Messerschmiede in Laguiole im 19. Jahrhundert: die Schmiede mit Amboss, das Hundelaufrad für Schleifstein und Polierscheibe, am Fenster die Werkbänke der Monteure. Illustration: Denis Lagarde

die Rue du Valat, die dann ruhiger als zu den Markttagen war. Wenn gerade Pause gemacht wurde, hämmerte der erste Arbeiter, der einen Besucher die Straße entlangkommen sah, einen allen Werkstätten bekannten Code auf den Amboss, und wie durch ein Wunder machten sich alle an die Arbeit und erweckten den Eindruck geschäftiger Betriebsamkeit, um den Kunden anzulocken. Der Besucher hörte dann auf der Straße den Lärm aus den Messerschmieden: das Reiben der Feilen, das Zersägen der Kuhhörner, die Hammerschläge auf dem Amboss.

DAS LEBEN IN DEN MESSERSCHMIEDEN

Die Arbeit im Atelier begann sehr früh morgens. Die Arbeiter öffneten die schweren Holzläden der Werkstatt, die die Fenster nachts schützten und halfen der Chefin, die Vitrinen an den Fensterläden aufzuhängen. Die Werkstätten verfügten nicht über einen eigens ausgewiesenen Verkaufsraum, denn die Monteure mussten das Tageslicht zur Beleuchtung ihres Arbeitsplatzes nutzen, arbeiteten also nahe am Schaufenster mit Blick auf Straße und Passanten. Überhaupt hatten die Ateliers keine großzügigen Arbeitsflächen, denn sie waren, wie auch andere Geschäfte, in ehemaligen Wohnhäusern eingerichtet worden. Die Häuser selbst hatten schmale Fassaden und entwickelten sich nach hinten zu einem kleinen Hof.

Die Raumorganisation

Es galt, eine Fläche von 35 Quadratmetern zu organisieren: den Platz für die beiden Monteure an der Fassade, ein Möbel für die fertigen Messer, ein Schreibpult, ein Lager für Rohstoffe und halbfertige Produkte, ein von einem Hund betriebenes Laufrad, einen Platz zum Schleifen für den im Wasser laufenden Schleifstein, auf dem Klingen auch poliert wurden, die Esse des Schmieds, der Blasebalg samt Mechanismus, die Rohstoffvorräte an Eisen und Stahl, Säcke mit Holzkohle für die Schmiede, dazu noch ausreichend Platz für die Arbeit des Schmieds und seinen Amboss. Das heißt, es waren großes Geschick und Erfahrung nötig, damit sich die Arbeiter auf dem beschränkten Raum nicht gegenseitig behinderten.

DER FORTSCHRITT KOMMT MIT DER ELEKTRIZITÄT

Elektrizität gab es in den 1880er Jahren im Dorf Laguiole noch nicht. In Privatinitiative errichtete man deshalb an der Patac-Mühle am Fluss einen kleinen Stromgenerator, der mit einem einzigen Kabelstrang die vier Messerwerkstätten in der Rue du Valat mit Strom versorgte.
Anstelle der Hunde koppelten die Messerschmiede ihre Schleifbänke nun an einen großen Elektromotor, der die Transmission antrieb. Die tapferen Hunde konnten ihren wohlverdienten Ruhestand antreten. Nachts beleuchtete der von den Werkstätten nicht genutzte Strom einige öffentliche Straßenlaternen in der Rue du Valat. Bald tauchten erste Geschäfts-Briefköpfe, gedruckte Kataloge und Werbungen auf, in denen von „großer elektrischer Fabrik" berichtet wurde. Gemeint waren die 35 m² großen Werkstätten, in denen die Arbeiter ihre Laguiole-Messer mit diesem einzigen Motor herstellten. Der Zeitgeist forderte von der Werbung, die Modernität der Betriebsausstattung hervorzuheben, sei es eine Dampfturbine oder ein elektrischer Antrieb. Auch wenn die Messerschmiede von Laguiole die Produktionsmethoden aus den 1820er Jahren beibehielten, unterwarfen sie sich diesem Trend.

Die Energiequellen

Im 19. Jahrhundert diente hauptsächlich der Mensch selbst als Energiequelle, alle Arbeiten wurden von Hand verrichtet. Wenn die Sonne nicht schien, war eine Öllampe die einzige Lichtquelle. Wegen der geringen Wassermenge des Flusses von Laguiole war es trotz des Aufschwungs der Messerproduktion seit Mitte des 19. Jahrhunderts zwecklos, die verfallene Schleifmühle an der römischen Brücke durch eine neue zu ersetzen, etwa durch eine kollektive Fabrik für den Grundschliff der Klingen. Um Schleifsteine und Polierscheiben anzutreiben, mussten die Werkstätten auf ein Hundelaufrad zurückgreifen, damit nicht Menschen den Antrieb des Räderwerks übernehmen mussten.

In Paris, wo es nicht an billigen Arbeitern fehlte, auch in Langres und Pézenas, wurde das Rad in den Messerwerkstätten tatsächlich von Menschen bewegt. Oft waren es Blinde oder Arme. In Nogent, Autun und selbstverständlich auch in Laguiole wechselte sich eine Meute von Hunden beim Antrieb der Schleifsteine aus Sandstein oder der Polierscheiben ab. Wir werden später auf den Aufbau und Einsatz der Hundelaufräder eingehen.

In den großen Zentren der Messerproduktion, die logischerweise entlang von Flüssen mit entsprechendem Wasseraufkommen lagen, gab es eigene Mühlen für Schliff und Politur der Klingen. In Thiers war das der Fall, mit 80 sogenannten „rouets", in Saint-Etienne mit 60 „môlières". Alle lagen direkt am Wasser.

Schmiedehammer und Schmiedezange.

DIE SCHMIEDE

Das Herz eines Messers ist die Klinge. Die Messerschmiede bezogen den zum Schmieden ihrer Klingen benötigten Rohstahl im 19. Jahrhundert in Form langer Stahlstangen, sogenannter „verges“ (Ruten), aus der Ariège und vom Tarn. Zum Ende des 19. Jahrhunderts änderten sich die Bezugsquellen. Der Stahl kam dann aus Rives im Dauphiné und aus Unieux bei Saint-Etienne, wo Jacob Holzer sich hohes Ansehen für seinen im Tiegel geschmolzenen Stahl erster Güte erworben hatte.

Die Bearbeitung des Stahls

Um eine Messerklinge zu schmieden, mussten die Ruten von Hand unter ständigen Schlägen des Schmiedehammers auf dem Amboss flachgeschmiedet werden, bis das Metall Stärke und Form der Klinge angenommen hatte. Zum Ausschmieden wurde der Stahl in der Esse zum Glühen gebracht.

Die richtige Temperatur erkannte der Schmied an der Farbe Kirschrot, „der Nase nach“, wie man sagte. Um aber ein hochwertiges Ergebnis zu erhalten, musste man Farbveränderungen sehr präzise erkennen, denn sie zeigten die richtige Temperatur an. Aus diesem Grund befand sich die Schmiede am dunkelsten Punkt der Werkstatt in größtmöglicher Entfernung zum Schaufenster. Der Schmied setzte auf seinem Amboss Markierungen, um den Klingen die gewünschte Länge zu geben.

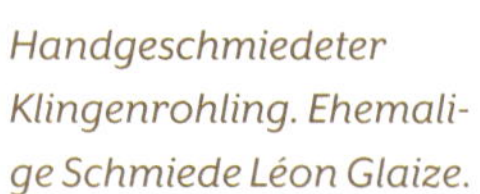

Handgeschmiedeter Klingenrohling. Ehemalige Schmiede Léon Glaize.

Der Messerschmied

Die Stahlbarren wurden in der Esse der Schmiede erhitzt, die ein Lehrling mit Holzkohle versorgte. Sie stammte vorzugsweise von Esche, die sich zum Schmieden der Klingen am besten eignete und von Köhlereien aus dem Aubrac bezogen wurde. Ein großer Blasebalg versorgte die Esse mit der für die Glut notwendigen Luftzufuhr. Ihn bediente der Schmied, indem er an einer Kette zog, die den Balg in Bewegung setzte. Am Kettenende war ein Kuhhorn als Griff montiert, weshalb der Schmied mit Augenzwinkern sagte „Ich ziehe die Kuh“. Außer den Klingen schmiedete man so auch die Ressorts, Korkenzieher und Ahlen der Messer.

Das Härten und seine kleinen Geheimnisse

Der Schmiedevorgang verändert die Molekularstruktur des Stahls. Um seine Struktur anschließend zu festigen und neu zu organisieren, muss man ihn durch Erhitzen und anschließendes plötzliches Abschrecken in Wasser oder Öl einem „la trempe“ genannten Härtungsvorgang unterziehen. Die Messermacher in Laguiole schrieben die Qualität ihrer Klingen zum Teil dem extrem kalten Wasser vulkanischen Ursprungs zu, mit dem sie die Härtung vollzogen. Bis zum 12. Lebensjahr war es Aufgabe der Kinder des Schmieds, das Wasser in die Werkstatt zu holen. Sie füllten ihre Eimer in der Fontaine de la Violette (auch Fontaine de la Yolette genannt), die als besonders geeignet für eine gute Härtung bekannt war.

Die Schmiede hatten auch ihre kleinen Geheimnisse: So urinierten sie in das Härtungswasser, um dessen Ammoniakgehalt zu erhöhen und fügten im Härtekübel Holzkohlenasche hinzu.

Das Anlassen

Die Trempe härtete die Klingen, machte sie jedoch dadurch auch spröde. Im nächsten Schritt musste ein Entspannungsglühen durchgeführt werden. Dazu legte der Schmied die Klingen mit dem Rücken in ein Bett aus warmer Asche, die die Kinder vom Bäcker holten, der das Brot für

Handgeschmiedetes, schmiederaues Ressort eines Laguiole, ehemalige Schmiede Léon Glaize.

das Dorf gebacken hatte. In dem langsamen Abkühlungsprozess in der Asche erhielten die Klingen ihre Elastizität wieder zurück.

Die Herstellung der Ressorts

Die Ressorts (Federn) wurden von Hand auf dem Amboss geschmiedet. Dazu nahm sie der Schmied aus der Glut, spannte sie in einen Schraubstock, schlug mit dem Hammer das oben über den Schraubstock hinausragende Ende des Ressorts flach und formte so die Mouche (Fliege). Der Zapfen darunter, der Cran, wurde gefeilt. Eine andere Methode verwendete eine transportable Matritze, den sogenannten „tas", die auf den Hauptamboss gesteckt wurde. In die darin enthaltene Negativform wurde das glühende Ressort eingelegt und die Mouche mit dem Hammer ausgeschmiedet.

IN DER MITTE DER WERKSTATT – DER SCHLIFF

Die Schleifbank

Bevor die Klingen mit ihrer vom Rücken zur Schneide zunehmenden Verjüngung geschärft werden konnten, mussten sie einen Grundschliff erhalten. Diesen bewerkstelligte man auf einer in der Mitte des Ateliers eingerichteten Schleifbank mit einem kleinen Schleifstein aus Sandstein. Darunter befand sich ein Holztrog, der mit Wasser gefüllt war und den sich drehenden Schleifstein befeuchtete. Er diente gleichzeitig als Halterung für die Polierscheibe. Der Coutelier saß rittlings auf einer nach vorne verschiebbaren Sitzbank, „chèvre" (Ziege) genannt, die Brust an einem Brett abgestützt, und presste die Klinge mittels eines hölzernen Klingenträgers gegen den Schleifstein.

Das Hundelaufrad

Da es keine Elektrizität gab, griff man auf Hunde zurück, die ein Laufrad in Bewegung setzten, das seinerseits Schleifstein und Polierscheibe antrieb. Sein Durchmesser war groß bemessen, um die Hunde nicht zu sehr zu beanspruchen. Für die Übertragung der Drehbewegung waren jedoch platzraubende Übersetzungen und Riemen-Transmissionen erforderlich, die die Bewegungsfreiheit in diesem Teil der Werkstatt einschränkten.

Eine Messerschmiede verfügte über mehrere Hunde, die man regelmäßig auswechselte, um sie nicht zu sehr zu ermüden oder überzustrapazieren. Die Hunde erfüllten ihre Aufgabe, um ihrem Halter zu gefallen. Die Kinder führten die Hunde aus, wenn sie am Brunnen Wasser holten. Den kleinen Schleifstein aus Sandstein konnte man durch eine Polierscheibe ersetzen, auf dessen Lauffläche Lamellen aus Büffelleder genagelt waren, die mit einer Mischung aus Polierpaste und Talg bestrichen wurden. Auf diese Weise polierte man die beim Schleifen entstandenen Rillen weg.

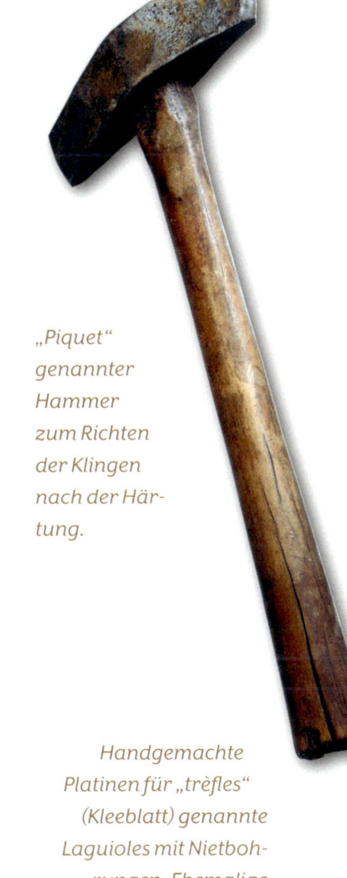

„Piquet" genannter Hammer zum Richten der Klingen nach der Härtung.

Handgemachte Platinen für „trèfles" (Kleeblatt) genannte Laguioles mit Nietbohrungen. Ehemalige Schmiede Léon Glaize.

Am Tageslicht: Schraubstock an der Bank eines Monteurs.

Oben: Alte Werkzeuge, darunter ein Monteurhammer, ein „Piquet" und eine Raspel zur Hornbearbeitung (19. Jahrhundert).
Links: Michel Chambon spielt die „Violine". Er demonstriert, wie die Messermacher früher Bohrungen herstellten.
Rechts: Kleiner Monteuramboss an der Werkbank.

Der mit Bogen betriebene Bohrer (die Violine). Die Brustplatte mit Griff (das Gewissen) und Spindel mit Bohrfutter und Bogen (19. Jahrhundert).

DER VORDERE TEIL DER WERKSTATT

Die weiteren Arbeitsgänge, die die Messer vervollständigten, verrichtete man im vorderen Teil des Ateliers, wo Tageslicht die Arbeit erleichterte. Dort wurden die Platinen der Messer angefertigt, die mithilfe einer Schablone und Reißnadel auf Eisen- oder Messingbändern aufgezeichnet und dann mit einer großen Blechschere ausgeschnitten wurden. Alles vollständig von Hand.

Die Montage der Messer

Der vorderste Teil der Werkstatt an den Fenstern war den Messermonteuren vorbehalten. Auf jeder Seite der Eingangstür befand sich eine Werkbank mit je einem Schraubstock und einem kleinen Amboss. An der Wand hingen in Halterungen die benötigten Werkzeuge: eine feine Säge, verschiedene Feilen, ein kleiner Montagehammer, ein „piquet" genannter Hammer zum Richten der Klingen, eine flache Raspel für die Hornbearbeitung, Zangen, auf Spindeln montierte Bohrer und schließlich eine raffinierte Bohrmaschine, die die Couteliers schalkhaft „violon" (Geige) nannten. Da es noch keinen Strom für die Bohrungen in Platinen, Horn und Klingen gab, hielt der Messermonteur eine kleine, mit einem Griff versehene hölzerne Platte vor seine Brust, die in der Mitte eine kleine Vertiefung besaß. Diese diente während des Bohrvorgangs als Aufnahme für den Bohrer. Diese Brustplatte trug den Namen „conscience" (Gewissen).

Der Bohrer wurde auf eine hölzerne Bohrspindel montiert, die mit Hilfe eines Bogens in Rotation versetzt wurde. Der Monteur wickelte eine Windung der Saite aus Katzendarm, die die beiden Enden des Bogens verband, um die Spindel. Durch Hin-und-her-Bewegen des Bogens versetzte er die Spindel in Drehung. Gleichzeitig übte der Monteur mit der Brustplatte den nötigen Druck auf den Bohrer aus, um das Werkstück zu durchbohren. Scherzhaft sagten die Monteure dass sie ein schlechtes Gewissen hätten, weil sie anstatt zu arbeiten „Violine spielten".

Von der Fourniture zur Fertigstellung

Der Messermacher, der mit der Montage betraut war, ließ sich an einer der beiden Werkbänke nieder und stellte die „fourniture" (die Bestandteile eines Messers) zusammen: Klinge, Ressort, Korkenzieher, Dorn, Platinen aus Eisen oder Messing, die Griffschalen aus Aubrac- oder Büffel-Horn, Knochen, Ebenholz oder Elfenbein für die teureren Messer. Die Griffschalen wurden in der Größe der Griffe zugesägt, mit Feile und Raspel in die exakte Form gebracht und anschließend mit dem „violon" gebohrt. Anschließend begann der Handwerker mit der Montage der verschiedenen Teile mittels Messing- oder Eisenstiften, die er nach Bedarf von großen Rollen abwickelte. Die Stifte dienten bei der Montage als Niete, die in kleinen Vertiefungen des Montageamboss und mit Hilfe des Montagehammers feine und elegante, in der Fachsprache „molleton" genannte Rundköpfe erhielten.

Vor der Montage prüfte der Monteur die verschiedenen Einzelteile. Sie waren von Hand gefertigt. Damit alle Teile zusammenpassten, mussten die Maße mehrfach mit der Feile korrigiert werden. Dann montierte er das Messer „à blanc" (ohne die Niete festzuklopfen), kontrollierte das saubere Zusammenspiel der Klinge und der anderen Teile, korrigierte mit kleinen Feilzügen bis zur endgültigen Feinabstimmung des Messers. Das fertig montierte, polierte und zuletzt geschärfte Messer wurde sorgfältig in Papier gewickelt und in einer Schublade für den Verkauf aufbewahrt.

Kleiner Monteurhammer und Feile der Messermacher (19. Jahrhundert).

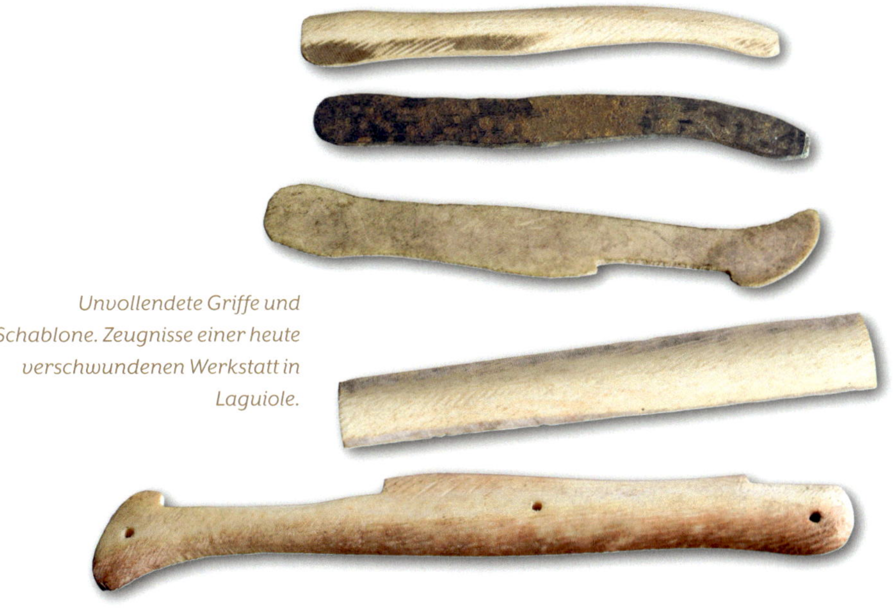

Unvollendete Griffe und Schablone. Zeugnisse einer heute verschwundenen Werkstatt in Laguiole.

Anatomie der ersten Laguiole-Messer

Eines der ersten Laguioles mit Yatagan-Klinge und vorstehenden Rosetten. Coutelier Cayron in Entraygues im Aveyron, um 1860.

Um das „Ressort à cran d'arrêt" dieses Messers von Calmels aus dem 19. Jahrhundert zu entriegeln, muss die Mouche mit zwei Fingern angehoben werden.

In Laguiole fertigten die Schmiede die Metallbestandteile ihrer Messer entweder durch Schmieden oder durch Ausschneiden aus Blechen. Bis in die 1950er Jahre wurden Klingen, Ressorts, Dorne und Korkenzieher von Hand geschmiedet.

MESSER MIT „CRAN D'ARRÊT"

Die ersten klappbaren Laguioles griffen auf eine Konstruktion zurück, die schon im 18. Jahrhundert eingesetzt wurde: Die Klinge mit einer rechteckigen Nut am Talon (der „Ferse" oder Klingenbasis) nimmt einen entsprechenden Zapfen auf und fixiert, wie bereits beschrieben, die geöffnete Klinge. Man bezeichnet diese Lösung als Messer mit Cran d'arrêt.

Die „mouche" und ihr Zweck

Um die Arretierung zu lösen, musste man das Ressort (Feder) anheben. Die Oberseite des Ressorts besaß deshalb zur Klinge hin, genau über dem Cran d'arrêt, eine linsenförmige Verbreiterung, die Mouche. Indem man sie mit zwei Fingern anhob, löste man die Arretierung und konnte die Klinge einklappen, um das Messer zu schließen.

Probleme der Elastizität

Kohlenstoffstähle besaßen zu Beginn des 19. Jahrhunderts nur eine geringe Biegbarkeit. Die Konstruktion des Griffs ergab sich durch zwei Platinen, die das Ressort links und rechts einfassten. Das Ressort selbst besaß am Ende eine Bohrung, wo es mittels Niet mit ihnen verbunden wurde. Ein weiterer Niet in der Mitte sorgte für die Spannung. Seine genaue Position wurde nach Regeln der angewandten Mechanik ermittelt und bestimmte den Kraftaufwand beim Ausklappen der Klinge. Bei älteren Laguiole-Messern war dieser Punkt recht weit hinten angesiedelt, um die Spannung des Ressorts gering zu halten, denn die geringere Elastizität des Stahls verbot es, ihn zu stark zu biegen.

Laguiole von Calmels um 1878. Man sieht den „cran d'arrêt" mit den rechtwinkligen Kanten.

Die Nietstifte fixierten Platinen und Ressort. Ihre Köpfe wurden in kleinen, speziellen Mulden des Montageamboss rundgeschlagen. Wenn die Griffmaterialien ausreichend solide waren (Elfenbein, Hornspitze, Ebenholz), dann genügte das, damit sie festsaßen und nicht ausbrachen. Wurde heiß gepresstes Horn verwendet, montierte der Messerschmied eine Messingrosette unter den Nietköpfen, um den Druck zu verteilen und Rissen im Griffmaterial vorzubeugen. Diese leicht hervorstehenden Rosetten gaben dem Griff zudem einen besseren Halt in den oft feuchten Händen der Bauern.

Die glatte Mouche

Die ersten und später die bäuerlichen Laguioles wurden nicht verziert. Man nannte sie „à mouche lisse" (mit glatter Mouche). Das Laguiole war im Aubrac einfach ein Schneidwerkzeug für Bauern, Viehzüchter und Hirten auf ihren Almen. Erst später entdeckten die Messerschmiede die Mouche als ideale Fläche für eine dekorative Gestaltung.

DER „CRAN FORCÉ"

Im letzten Drittel des 19. Jahrhunderts wurde der rechteckige Cran d'arrêt sukzessive durch eine neue Erfindung, den Cran forcé ersetzt. Die rechteckige Nut wurde nach hinten abgeschrägt und der untere Zapfen des Ressorts entsprechend angepasst.

Die Mouche behielt ihren Platz am Kopf des Ressorts, hatte jedoch ihren ursprünglichen Zweck (die Klinge zu entriegeln) verloren. Es genügte ein kleiner Druck auf den Klingenrücken, um den Widerstand des Ressorts zu überwinden und die Klinge in den Griff gleiten zu lassen. Dieses System wird noch heute bei Laguiole-Messern verwendet und ist, neben Yatagan-Klinge, Ressort mit Mouche und dem gebogenen Griff, zu einem seiner Charakteristika geworden.

DAS ANDREASKREUZ

Wie beim Capuchadou kann man bei einigen Laguioles auf dem Klingenrücken oder hinter der Mouche ein Andreaskreuz entdecken, das der Messerschmied mit zwei sich kreuzenden Feilstrichen hergestellt hatte. Dieses diskrete Zeichen zeugt von dem Respekt und der Dankbarkeit der Bewohner des Aubrac gegenüber André, einem der ersten Äbte von Aubrac, dessen Wappen zwei sich kreuzende Pilgerstäbe zierten.

Griffform „bec de corbin" (Rabenschnabel), Laguiole-Droit von Glaize um 1860. Rosetten schützen das Horn.

DIE NIETE MIT RUNDEN KÖPFEN

Der Kopf eines jeden Niets der teureren Laguiole-Messer wurde „molletoniert", also mit einem runden Kopf versehen. Auf einer winzigen Vertiefung des Montageamboss hämmerte der Monteur den Niet auf der jeweils gegenüberliegenden Seites des Griffs und verlieh im somit einen abgerundeten Kopf. Dadurch hielt der Niet besser, fühlte sich angenehmer an und war ästhetischer. Messerschmiede nennen diese Art der Vernietung Molleton. Bei einigen großen, reichverzierten Messern wurde er durch eine darunter eingelassene Schildpattscheibe zusätzlich betont.

Alte, handgeschmiedete Yatagan-Klinge mit kurzem Ricasso und Cran forcé.

DAS RICASSO

Das Ricasso ist der dickste Teil der Klinge. Es befindet sich zwischen den beiden Platinen. Hier dreht sich die Klinge beim Auf- und Zuklappen und wird seitlich gehalten. Die sogenannte Entablure ist die Trennlinie zwischen Ricasso und Klingenschliff.

Bei den ersten Laguiole-Messern, sei es mit Bourbonnaise- oder Yatagan-Klinge, war das Ricasso klein und ragte nicht aus dem Griff heraus. Die Materialersparnis beim Schmieden von kurzen Ricassos war nicht unerheblich. Um den Preis für die ländliche Kundschaft so gering wie möglich zu halten, schöpfte man alle Einsparmöglichkeiten aus, also kurzes Ricasso und gepresstes Horn für den Griff. Erst in der Folge, zu Beginn des 19. Jahrhunderts, tauchten bei teureren Messern längere Ricassos auf, die den seitlichen Beanspruchungen und Verwindungen der Klingen besser gewachsen waren.

Das Modell mit Cran d'arrêt und einer Mouche, die mit zwei Fingern angehoben wurde, war noch gebräuchlich, als Pierre Calmels 1878 seine erste Silbermedaille gewann. Noch heute kann man bei Sammlern Modelle dieser Bauart mit der Markierung „Calmels in Laguiole" und dem Zusatz „Silbermedaille" finden. Ab Ende des 19. Jahrhunderts verbreiteten sich größere Ricassos, und Abschrägungen der Grate auf dem Klingenrücken kamen auf. Sie schufen zwei schön geschwungene Linien bis zur Klingenspitze und erhöhten die Eleganz der Laguiole-Klingen.

Rustikales, altes Laguiole eines Bauern mit vorstehenden Rosetten. Atelier Thibaud in Sévérac (Aveyron). Ende 19. Jahrhundert.

DER „CRAN D'ARRÊT" MIT RING

In der gleichen Epoche fertigten die Messerschmiede in Laguiole großformatige Messer mit Cran d'arrêt und Ring: Anstelle der Nut feilten sie einen kleinen Stift auf dem Talon, der in eine passende Bohrung auf der Unterseite des Ressorts eingriff und so die Klinge arretierte. Die

Arretierung löste man durch Ziehen am Ring. Das von Calmels signierte Laguiole aus den 1900er Jahren meines Opas, ein „Bougnat" in Versailles, besaß eine äußerst seltene Mouche: Sie hatte drei Kanten, und der Stift war nicht durchgängig, was einen zusätzlichen Schwierigkeitsgrad für den Messerschmied darstellte, weil die Feinabstimmung mit größter Sorgfalt erfolgen musste, damit das Ressort seine Position präzise einnehmen konnte, „ohne die Nase zu heben".

„Cran d'arrêt" mit Ring. Laguiole von Calmels. Ende 19. Jahrhundert.

DIE PLATINEN

Die Platinen der Messergriffe wurden zunächst von Hand mit einer großen Blechschere ausgeschnitten. Dazu montiert man die Bleche fest auf der Werkbank und übertrug die Griffkonturen mithilfe von Schablonen aus Holz oder Metall und einer Anreißnadel auf das Blech. Eine Messerschmiede verfügte über eine ganze Sammlung solcher „gabarits" (Schablonen) für alle Größen und Messertypen, die sie produzierte.

Für „Laguiole de luxe" konnten die Ränder der Platinen gerädelt werden. Dafür diente dem Messerschmied eine kleine Eisenrolle, auf die ein Werkzeuggriff montiert war. Diese rollte man über die Ränder der im Schraubstock eingespannten Platinen und hinterließ so ein wellenförmiges, sehr attraktives Dekor. Bei sehr großen Messern erzeugte man die wellenförmige Verzierung der Platinen auch mit Feilen.

DIE GRIFFE

Für die Griffe der bäuerlichen Laguiole-Messer, war Rinderhorn ein naheliegender Rohstoff. Die Aubrac-Rinder, die bis in die 1950er Jahre noch Fuhrwerke zogen, hatten die notwendige Zeit, ein solides, festes Horn zu entwickeln. Die Hornspitze war der homogenste und solideste Teil des Horns. Zweite Wahl war das weniger dichte Kuhhorn der unteren Partie, das man aber heiß pressen konnte, um es in Form eines Laguiolegriffs zu bringen. Dieser Vorgang hieß „cachage", in Anlehnung an den okzitanischen Begriff „cachar" (pressen). Der Messermacher verfügte über paarweise Pressformen in der jeweiligen Messerform und -größe.

Zugesägt und mit Scheren grob bearbeitet, wurden die Hornstücke über Holzkohleglut auf einem Gitter erhitzt. Derart formbar geworden, wurden sie sofort in die Pressform gelegt und dort bis zum Erkalten gehalten, bis sie die vorgegebene Form eingenommen hatten. Mit einer Schere grob entgratet, gingen sie zum Messermonteur. Dieses „corne cachée" (gepresste Horn) war jedoch weniger haltbar als die Hornspitze.

Elfenbein, ein kostbares Material

Für die wohlhabende Kundschaft fertigte man die Griffe aus Elfenbein oder Ebenholz. Elfenbein bezog man von Importeuren oder Maklern in Paris und Le Havre. Für die kleineren Messer für Kinder oder Damen kaufte man bei Pariser Klavierbauern die Elfenbeinabfälle auf. Laguiole-Griffe aus Elfenbein wurden komplett von Hand hergestellt: Die Grundform entstand mit der Raspel. Danach kam ein Polierwerkzeug zum Einsatz, genannt „la brugière", bei dem zwischen

„Roulettierte" Platinen. Mithilfe eines Rädchens wurden die Platinen dieses Messers von Calmels in Laguiole dekoriert.

Laguiole von Calmels mit „Mouche à cran d'arrêt" (1900).

zwei Holzwangen mehrere Lagen Hutfilz eingespannt waren. Mit zahlreichen Hin-und-Her-Bewegungen der Brugière polierte der Monteur den Griff bis zum makellosen Glanz.

DER KORKENZIEHER KOMMT HINZU

Zum Ende des 19. Jahrhunderts hatte sich der Weinverkauf in Flaschen durchgesetzt, aber bereits im 18. Jahrhundert finden sich auf einigen kostbaren Messern Korkenzieher: Korkenzieher für Parfümflacons, doppelspiralige Ausführungen für die Waffenpflege und Hakenkorkenzieher für Weinflaschen. Ab dem Ersten Kaiserreich (1804 – 1815) setzte sich bei den weiter verbreiteten Messern der Gebrauch des Spiralkorkenziehers durch, genannt „queue de cochon" (Schweineschwänzchen). Das Laguiole-Messer bekam den Korkenzieher erst später, ab 1880.

Die Herstellungsverfahren

Korkenzieher konnte man auf zwei Methoden herstellen: Entweder wurde in der Schmiede eine Stahlstange mit dem Hammer rundgehämmert, dann erneut kirschrot erhitzt und danach mithilfe eines Schraubendrehers oder einer Stange auf der abgerundeten Seite des Amboss aufgerollt. Bei der anderen Methode fräste der Messermacher auf einer vom Elektromotor der Werkstatt angetriebenen Fräse das Werkstück in Spiralform.

Ab 1830 – 1840 integrierte man Ahlen. Hier ein Laguiole-Droit von Mas (Ende 19. Jahrhundert).

Der gefräste Korkenzieher eines dreiteiligen Laguiole von Calmels, um 1900.

Laguiole mit gefrästem Korkenzieher und Dorn. Dreiteiliges Messer von Mas Cadet, Ende 19. Jahrhundert.

„Schweineschwanz" genannte Spirale eines Korkenziehers, handgeschmiedet. Atelier Glaize (um 1900).

Die „coulisse"

Um ein harmonisches, müheloses Zusammenspiel der Funktionen eines dreiteiligen Laguiole-Messers mit Klinge, Dorn und Korkenzieher zu ermöglichen, dachten sich die Messerschmiede in Laguiole eine oval gestaltete Bohrung in der Mitte des Ressorts aus. Sie trägt den Namen „coulisse".

Am Ende kam ein Zwischenstück, das sogenannte „fausse pièce" (falsche Stück) hinzu, das zwischen Ressort, Dorn und Platinen eingefügt wurde. Damit verlegte es den Dorn etwas zur Seite und behinderte nicht das Einschnappen der Klinge in den Griff.

Die „coulisse", auch „lumière" genannt, ist eine ovale Bohrung, die das Ressort eines Dreiteilers entlastet.

Das Laguiole wird zum Messer des Aveyron, des Cantals oder der Lozère

Bäuerliches Laguiole mit Yatagan-Klinge und glatter Mouche. Bedos in Laissac (Aveyron), Ende 19. Jahrhundert.

Den lokalen Erfolg der Laguiole-Messer vor Augen, begannen bald mehrere Werkstätten in der Gegend ebenfalls Laguioles herzustellen: im Norden des Aveyron, im Tal des Lot (in seinem Aveyronnaiser Teil), in Rodez, auf dem „Carladès“ (eine Miniregion zwischen dem Aveyron im Norden und dem Cantal im Süden), sowie in der Lozère. Die Kundschaft, auf die man abzielte, blieb die gleiche: die Bauern.

DIE ERSTEN WANDERN AB

Kurz vor 1860 verließ Antoine Moulin samt seiner Familie das Dorf Laguiole und errichtete eine Messerwerkstatt am Ufer des Lot am südlichen Rand des Aubrac in Saint-Côme-d'Olt. Vermutlich schätzte er die Zahl der gegen Ende der 1850er Jahre in Laguiole niedergelassenen Hersteller als zu hoch ein und kehrte deshalb in seine Geburtsregion zurück. Die Werkstatt Moulin produzierte zunächst Laguiole-Droit, von denen ich einige selbst in Augenschein nehmen und deren schlichte Eleganz feststellen konnte. Darüber hinaus stellte die Familie Moulin in Saint-Côme einfache Bauern-Laguioles mit Andreaskreuz als einzigem Schmuck her, dazu große Laguioles mit Ring und verziert mit feiner Pointillage (Punktierung) in Mandelform.

Der in Saint-Geniez-d'Olt geborene Antoine Casimir kam als Messermacher zu François nach Saint-Côme, um mit ihm zusammenzuarbeiten. Er verstarb 1879. François wiederum hatte zwei Söhne, beide mit dem Vornamen François. Beide waren Messermacher. Der erste starb 1894, der zweite 1916 und beendete damit die Linie der Messerschmiede Moulin.

EIN CALMELS IN RODEZ

Der Messerschmied Jules Calmels in Laguiole hatte zwei Söhne: den Erstgeborenen Jules Pierre Gustave, geboren 1903 und Pierre Calmels, geboren 1913. Obwohl die Tradition vorsah, dass der Ältere die Nachfolge antrete, übernahm der

Espalion im Aveyron am Ufer des Flusses Lot.

jüngere Pierre Calmels die Nachfolge seines Vaters in Laguiole. Jules Pierre Gustave eröffnete in der Rue Bosc in Rodez einen Messerhandel mit einer kleinen Werkstatt im Hinterhof. Die Messer, die er dort herstellte, markierte er mit „Calmels à Laguiole", eine Reverenz an seinen Geburtsort. Er verstarb 1993 im Alter von 89 Jahren. Sein Sohn Jacques, geboren 1931, übernahm den Familienbetrieb in Rodez. Seit seinem Tod führt seine Tochter bis heute das Geschäft in Rodez fort.

IM CANTAL

Andere Messermacher aus Laguiole verließen das Dorf und produzierten Laguiole-Messer zum Teil an abgelegenen Orten, an der nördlichen Grenze des Départements Aveyron oder im nahegelegenen Cantal: Der Messerschmied Poup, 1843 in Laguiole geboren, arbeitete dort nur einige Jahre. Nach seiner Heirat mit einer Frau aus dem Cantal öffnete er eine Messerwerkstatt in Saint-Urcize, im zum Cantal gehörenden Teil des Aubrac. Er starb 1914. Seine Witwe führte das Geschäft weiter mit Messern, die in Thiers mit ihrem Markennamen produziert wurden. Ihr Geschäft existierte noch in der Zeit zwischen den beiden Weltkriegen.

François Ginisty, geboren 1838, war Messermacher in Laguiole. Er ließ sich in Mur-de-Barrez im Carladès nieder. Dieses kleine Territorium an der Grenze zwischen Cantal und Aveyron stand während des Ancien Régime unter der Herrschaft der Familie Grimaldi, Prinzen von Monaco. Er heiratete ein Mädchen aus Mur. François Ginisty fertigte sehr schmale Laguiole-Droit, die er einfach mit „Ginisty" kennzeichnete. Die Messerschmiede Ginisty existierte noch 1906.

Laguioles entstanden in vier Gemeinden entlang des Flusses Lot im Norden des Aveyron: in Saint-Geniez-d'Olt, Saint Côme-d'Olt, Espalion und Entraygues. Aus der Familie Rascalou, ursprünglich aus Chanac en Lozère stammend, gingen zwei in der Messerbranche aktive Zweige hervor: einer in Laguiole, ein anderer in Saint-Geniez. Der erste Rascalou aus Saint-Geniez war Kesselschmied. Seine Nachkommen, Auguste, danach Théophile Jules, übten den Beruf des Messerschmieds aus, alle unter derselben Adresse: Place du Marché. Die Messerschmiede Rascalou schloss 1912.

Entraygues im Aveyron am Zusammenfluss von Lot und Truyère.

Der Coutelier Eugène Salettes in Espalion vor seinem Geschäft.

DIE FAMILIE SALETTES IN ESPALION

Um von Rodez oder Sévérac nach Laguiole zu kommen, überquerte man den Fluss Lot in Espalion über eine befestigte, mittelalterliche Brücke, deren letzter Pfeiler einen Turm mit Hebewerk für die Zugbrücke trug. Die Einwohner von Espalion haben den Namen „Salettes" ins Herz geschlossen. Eine Straße trägt den Namen von Eugène Salettes, der Messerschmied, Feuerwehrhauptmann und sehr engagiert im lokalen Leben von Espalion war.

Ihr Atelier

Die Werkstatt Salettes wurde in den 1870er Jahren gegründet. Drei Geschwister Salettes arbeiteten dort: Antoine Henri, Antoine Auguste Marin und Charles. Die Werkstatt befand sich in einer kleinen Straße namens Camille-Violand. Die Salettes produzierten dort Beile und Äxte für die Waldarbeit, eine für die Region um Saint-Geniez bedeutende Tätigkeit, sowie Laguiole-Messer. Die Werkstatt verfügte über drei Ambosse, ein großes Schmiedefeuer und zwei von Hunden angetriebene Schleif- und Polierbänke. Neben den Geschwistern beschäftigte die Werkstatt drei Arbeiter. Das hohe Ansehen der Salettes in der Schneidwarenherstellung sicherte ihnen eine treue ländliche Kundschaft.

Die Folgegeneration

In der nächsten Generation übernahmen die Brüder Eugène Salettes und Georges Émile die Produktion. Zusätzlich zu den eigenen Laguiole-Messern bestellten sie ab 1874 Laguioles in Thiers. 1930 wurde die gesamte Werkstatt als Folge einer Unachtsamkeit Opfer eines Brandes: Da es kalt war, befand Eugène, dass er das Schmiedefeuer über Nacht ohne Wache anlassen könne, aber aus unbekanntem Grund griff das Feuer auf die Einrichtung über. Die Ironie des Schicksal war, dass Eugène Salettes der örtliche Feuerwehrhauptmann war. Die Produktion endete. Eugène wurde fortan Messerhändler und ließ alle seine Messer unter seinem Markennamen in Thiers herstellen. Er verstarb 1965.

DIE FAMILIE CAYRON

In Entraygues, am Zusammenfluss der Truyère und dem Lot unterhalb von Espalion, gab es schon lange eine Messerherstellung. Die Familie Cayron produzierte dort Messer und Hippen für

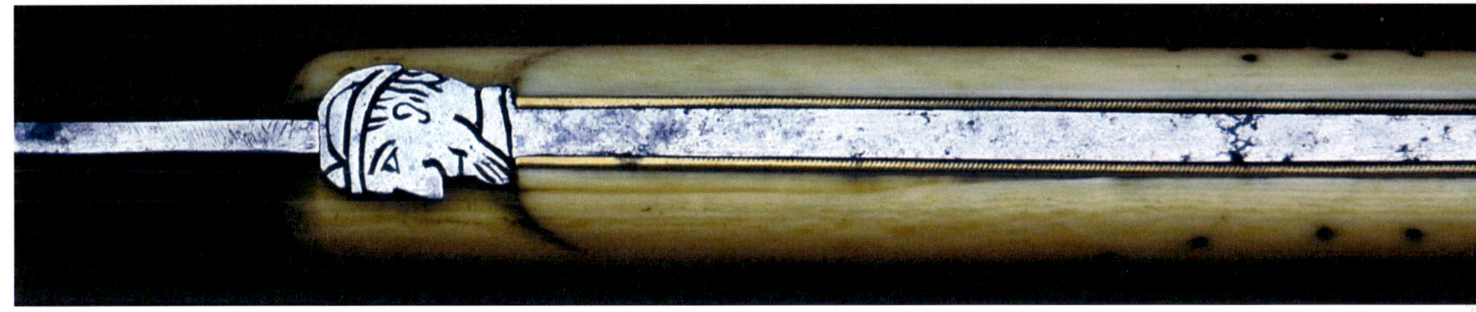

die Winzer und „coustoubis", die Kleinbauern, die in den Hanglagen Obst und Gemüse anbauten, das sie bis nach Laguiole und Rodez verkauften. Die Messerschmiede Cayron bestand bereits 1830, zu einem Zeitpunkt also, als die Messerherstellung von Laguiole noch in ihren Anfängen steckte. Der Gründer, Pierre Cayron, war nach den ältesten gefundenen Akten, ein „maître-coutelier". Die Nachfolge übernahmen sein Sohn Auguste, danach sein Enkel Augustin. Nach dessen Tod 1908 schloss die Messerschmiede. Die von Cayron produzierten Messer waren für die Bauern bestimmt und ziemlich grob gefertigt.

DIE FAMILIE THIBAUD

Bereits im 18. Jahrhundert belieferten Messerschmieden aus Sévérac-le-Château, im Südosten des Aubrac-Plateaus, eine Kundschaft von Schafzüchtern, die ihre Tiere in den weiten, für die Zucht geeigneten Hochebenen aufzogen. Die Weiden im Norden des Dorfes teilten sich Schaf- und Rinderzucht. Wie viele andere Messerschmiede der Gegend fertigten die Thibauds Laguiole-Messer, Kochmesser und Scheren für die Schur. Die Familie Thibaud (auch Tibaut oder Thibaut geschrieben) stellte bereits 1836 Messer in Sévérac-le-Château her. Die Werkstatt wurde von Jérôme Denis gegründet, dem Jules Jérôme Charles und dann Frédéric Émile folgten.

Identifizierbare Laguiole-Messer

Schon sehr früh, vor den 1860er Jahren, stellten die Thibaud Laguiole-Messer her, denn man findet Laguiole-Droit und einfache Laguiole-Klappmesser aus ihrer Produktion. Außerdem produzierten sie sehr schöne, nüchtern gehaltene Laguioles mit glattem Ressort, teilweise mit einer Mouche als Lozère-Adler, der in den Wappen mehrerer Dörfer des Aubrac auftaucht, teilweise mit einem Müllerkopf samt Müllermütze.

Laguiole des Couteliers Thibaud in Sévérac (Aveyron). Die Mouche ist mit einem Müllerkopf verziert, Ende 19. Jahrhundert.

Laguiole des Taillandiers Martin (Lozère). Die Mouche ist mit dem Wappenadler des Lozère verziert, Ende 19. Jahrhundert.

Links: Die Thibauds in Sévérac (Aveyron). 1928 vor ihrem neuen Geschäft mit Atelier.

Rechts: Frédéric Thibaud, seine Eltern, seine Ehefrau Léonce und Sohn Auguste vor dem Geschäft mit Atelier der Familie in Sévérac, um 1900.

Émile Thibaud und sein Hund

Die Tochter von Émile Thibaud führte die Buchhaltung der Schmiede bis zu deren Schließung in den 1960er Jahren. Sie erzählte mir, dass ihr Vater, wie in Laguiole üblich, Klingen mithilfe eines Hundelaufrads schärfte. Er besuchte bis ins Aubrac weit entfernte Viehmärkte. Ihn begleitete ein großer Hund, der vor den Scherenschleifer-Karren gespannt war. Er selbst legte die Strecken zu Fuß zurück und übernachtete in Bauernhöfen, die ihm in der Scheune Heu und Gastfreundschaft gewährten. Unterwegs führte er kleine Reparaturen an Messern und Schneidwerkzeugen durch.

Auf den Märkten angekommen, baute er sein Hundelaufrad aus zwei hölzernen Kreisringen zusammen, um Messer zu reparieren und zu schärfen. Der Hund, der Monsieur Thibaud geholfen hatte, die Hügel des Aubrac zu bezwingen, bewegte dann den kleinen Schleifstein und die Polierscheibe, mit denen er den Klingen neue Schärfe und Glanz verlieh. Immer hatte er auch eine Auswahl neuer Messer aus seiner Produktion für den Verkauf dabei.

Aus dem Zweig der Thibaud aus Sévérac-le-Château entstammten zwei Generationen von Messermachern Thibaud in Mende im Lozère: Jules Jérôme Bapiste, danach Léon Jacques Marius. Die Coutellerie Thibaud in Mende schloss in der Mitte des 20. Jahrhunderts.

ANDERE MESSERHERSTELLER IM AVEYRON

Im Süden von Espalion wurden ebenfalls Laguiole-Messer produziert: in Laissac, im Tal

Bäuerliches Laguiole mit glatter Mouche, Bedos in Laissac (Aveyron), Ende 19. Jahrhundert.

des Aveyron-Flusses, das noch heute für seinen wöchentlichen Viehmarkt berühmt ist. An den Markttagen bildeten die Züchter eine wichtige Kundschaft für die Messerschmiede Bedos. Sie wurde in den 1830er Jahren von Joseph Bedos gegründet, nach dessen Tod 1856 von seinem Sohn Jean-Joseph übernommen und schließlich von Joseph Émile Bedos fortgeführt. Die Coutellerie Bedos existierte noch 1906.

Im Departement Aveyron, in Rodez, produzierten neben der erwähnten Familie Calmels mehrere andere Werkstätten Laguiole-Messer. Jean-Pierre Gouzy gründete in den 1870er Jahren in der Rue Saint-Cyrice eine Messer- und Schneidwarenwerkstatt. Er stellte Hack- und Schneidwerkzeuge her, sowie ein Messer für die Winzer des Vallon de Marcillac: das Liadou. Die Werkstatt Gouzy produzierte sehr sorgfältig gefertigte Laguioles mit origineller Form, einige davon mit Elfenbein. Paul-Louis Gouzy, der seinem Vater nachfolgte, verstarb 1946.

Zur Erinnerung sei auch die Werkstatt von Augustin Anglade genannt, der seine Messer mit der Aufschrift „À l'Ancre de Marine, Anglade à Rodez" markierte und zwischen 1835 und 1850 einige Laguiole-Droit produzierte, bevor er nach Puy-en-Velay umzog. Unter den Messerschmieden in Rodez, die Laguioles herstellten, muss man auch Jean Amans Gayrard nennen, der seinen Beruf um 1850 ausübte.

Diese Couteliers aus dem Aveyron haben nachweislich Laguiole-Messer selbst hergestellt. Daneben kauften sie seit dem Anfang des 20. Jahrhunderts Laguiole-Messer in Thiers ein, deren Klingen mit ihren Namen gekennzeichnet waren. Für sie selbst war das rentabler, und für ihre Kunden blieben Preis und Qualität unverändert.

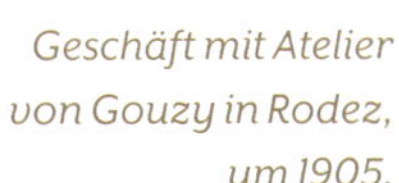

Geschäft mit Atelier von Gouzy in Rodez, um 1905.

Renommierte Messerschmieden – Familientraditionen von Vater zu Sohn

Wenn der „Patron" das Buron besuchte, feierte man das mit Aligot bei einem Festmahl gemeinsam.

Für Menschen aus dem Aveyron und ebenso im Aubrac heute ist das Laguiole ein Grundbestandteil ihrer Verwurzelung, einer mit Emotionen behafteten Verbindung zum Boden ihrer Vorfahren. Es verbindet ihre persönliche Identität mit einer kollektiven Erinnerung. Treffen zwei nach Paris ausgewanderte Aveyronnaiser in Paris oder gar im Ausland zusammen, geben sie sich als solche zu erkennen, ziehen ihr Laguiole aus der Tasche und erzählen von der Heimat. Sie teilen ein Stück Auvergnatische Hartwurst, begleitet von einem Glas Marcillac und leiten eine Zeremonie ein, die man einfach als Convivialité (Geselligkeit) bezeichnet.

DIE AVEYRONNAISER GESELLIGKEIT

Das Laguiole ist im Aveyron essenzieller Bestandteil der Convivialité, zu der auch das Ritual des Aligot gehört, eine lokale kulinarische Spezialität zu Festtagen. Aligot ist ein Gericht auf der Grundlage von Kartoffelpüree und frischem Tome (einem jungen Käse), angereichert mit Crème fraîche, Knoblauch und Butter. Man rührt diese Mischung mit einem langen Holzlöffel in einem Kessel über dem Feuer, bis sie Fäden zieht. Dieses Gericht gab in den Burons (Sennhütten) an Festtagen, am Johannes-Fest im Sommer oder wenn der Besitzer den Buron besuchte. An keinem anderen Tag hätte ein Buronnier gewagt, den Käse zu berühren, denn der war ja nicht sein Eigentum. Dieses außergewöhnliche Essen machte daraus ein besonderes, festliches Ereignis. Man holte das Messer aus der Tasche oder hängte es von einem Balken im Buron ab, setzte sich nieder und teilte die Convivialité mit dem Besitzer des Burons, dem Patron, wie ihn die Buronniers nannten.

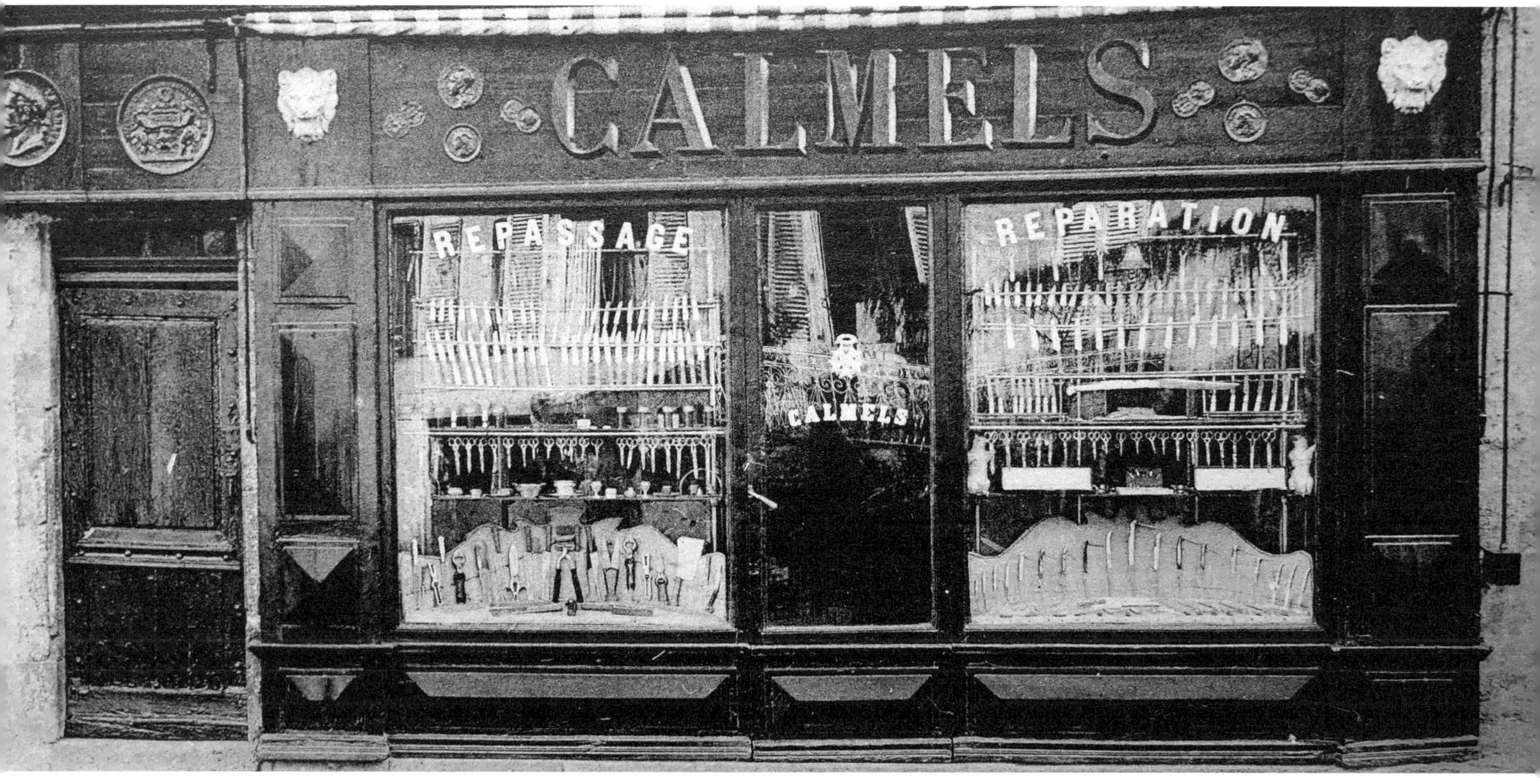

Das Ladengeschäft der Schmiede Calmels an der neuen Adresse in der Allée de l'Amicale in Laguiole um 1920. Die Werkstatt wurde auf die Rückseite verlegt.

Besonders bewunderte Messerschmiede

Das Laguiole ist unverzichtbares Element der Aveyronnaiser Lebensart. Für Nichteingeweihte schwer nachvollziehbar, pflegt man einen Quasi-Kult, eine Bewunderung gegenüber den Messermachern, die es herstellten oder jenen, die das Renommée des Laguiole erschaffen haben: die Familien Calmels und Pagès. Erinnern wir uns, wie sehr Dr. Salettes, Bürgermeister von Laguiole, die Verdienste dieser beiden Couteliers in seinem Schreiben von 1890 an Camille Pagé hervorhob. Manche Aveyronnaiser kommen wie Pilger nach Laguiole und besuchen regelmäßig die Coutellerie Calmels, deren Schaufenster und Verkaufsraum die Atmosphäre der guten alten Zeit verströmen.

Da die Schmiede Pagès im Jahr 1950 schloss, bleibt allein das Geschäft der Familie Calmels als Marker der Historie des Laguiole-Messers. Die Schaufenster und Vitrinen sind geblieben wie zu Zeiten von Jules Calmels und dessen Sohn Pierre. In manchen Familien gehört es zum guten Ton, der Marke des Schöpfers dieses mythischen Messers die Treue zu halten.

DIE DYNASTIE CALMELS

Der Name Pierre-Jean Calmels (1813-1876) steht am Anfang des Yatagan-Laguioles. Heute wäre er erstaunt über den Erfolg und die Berühmtheit, die sein Messer im Laufe der Zeit erfahren haben und dessen guter Ruf sich durch die Tatkraft seines Sohns Pierre, der ein exzellenter Messerschmied war, noch verstärkt hatte. Pierre-Jean verstarb im Alter von 63 Jahren. In die Zeit seines Sohnes Pierre Calmels (1844-1887) fielen die ersten Schritte zur Gestaltung der Verzierungen bei Laguiole-Messern. Er war der erste Messerschmied aus Laguiole, der an Ausstellungen und Wettbewerben teilnahm, und er investierte sogar ein wenig Geld in Zeitungsanzeigen in Rodez.

Neue Geschäftsräume

Jules Calmels (1874-1930) war beim Tod seines Vaters 13 Jahre alt. Er wusste um die Bedeutung von Öffentlichkeitsarbeit und begann, das Ansehen seiner Werkstatt in der Gemeinde der Aveyronnaiser in Paris zu vertiefen, indem er 1898 und 1907 Kataloge drucken ließ. Auch die Teilnahme an Wettbewerben, die während der gro-

GRANDE MANUFACTURE ÉLECTRIQUE DE COUTELLERIE
MAISON FONDÉE EN 1829
Diplômes et Médailles aux diverses Expositions de Rodez, Narbonne, Limoges, Castres et Paris.
HORS CONCOURS, MEMBRE DU JURY
Jules CALMELS
à LAGUIOLE (Aveyron)
Couteaux de poche en Ivoire et Corne
Rasoirs garantis – Ciseaux pour tous ouvrages
SERVICES TABLE RICHES ET ORDINAIRES
DISTILLERIE DES FILS D'ALEXANDRE BOS

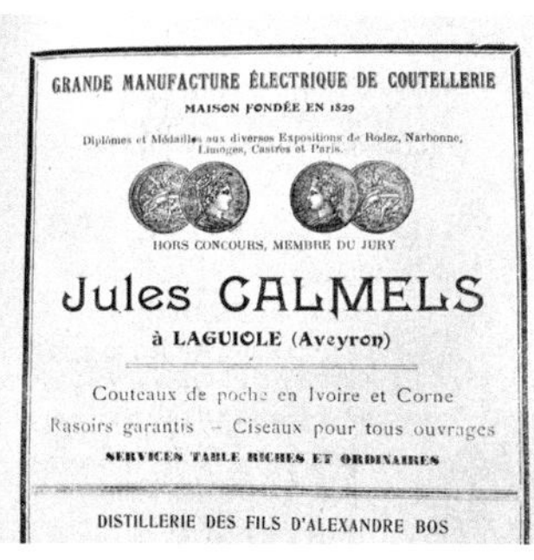

Reklame von Jules Calmels in einem Rodezer Nachrichtenblatt.

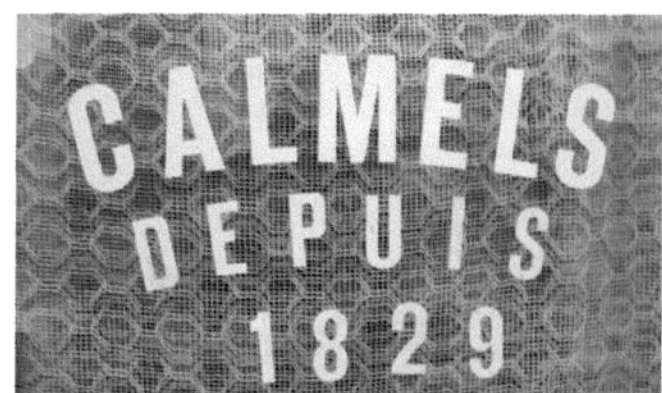

Die Trumpfkarte der Werbung der Coutellerie Calmels war ihr Gründungsjahr.

Von oben nach unten:

Laguiole von Calmels mit Pointillage in Mandelform, Ende 19. Jht.

Das gleiche Messer in der Aufsicht, glatte Mouche und eine der ersten Guillochen.

Dreiteiliges Laguiole von Calmels, mit glatter Mouche und glattem Ressort, um 1900.

Calmels-Laguiole ohne Dekor, Zweiteiler, Griffende „patte de bélier“ (Widderfuß), Ende 19. Jahrhundert.

Laguiole „à cran d'arrêt“ mit Ring, Mouche und Ressort glatt. Calmels, Ende 19. Jahrhundert.

ßen regionalen und nationalen Ausstellungen stattfanden, wusste er zu nutzen.

Jules war ein exzellenter Schmied. Man sah sofort die Eleganz seiner Klingen und die Finesse seiner Mouches. Als sich zu Beginn des 20. Jahrhunderts das Geschäftszentrum in Laguiole verlagerte, ergriff er die Gelegenheit und verlegte seine Werkstatt von der Rue du Valat in die Route Nationale (ehemals Route Royale, später dann Allée de l'Amicale). Neue Grundstücke wurden erschlossen. Die Gestaltung des neuen Geschäfts war kundenorientierter. Die Fenster der Außenfront wurden zu Schaufenstern, in denen man die hergestellten Messer präsentieren konnte. Die Werkstatt wurde in den Hintergrund des Geschäfts verschoben. Kunden konnten fortan das Geschäft betreten und entspannt die ausgestellten Messer betrachten, ohne die Abläufe der Werkstatt zu stören oder selbst davon gestört zu werden. Elektrizität trieb Schleifstein und Polierscheibe an und bestätigen die Aussage der Werbung „große elektrische Fabrik“.

Pierre Calmels

1911 beschäftigte die Familie Calmels sechs Arbeiter. Jules Calmels starb im Alter von 56 Jahren, sein Sohn Pierre (1913-1992) war damals 17 Jahre alt. Pierre Calmels führte die Tradition schöne Messer herzustellen fort, behielt sich aber den Bau der größten und schönsten Messer selbst vor. Ihm wurde die Ehre zuteil, ein sehr großes Elfenbeinmesser für den aus dem Cantal stammenden Präsidenten der Republik, Georges Pompidou, anzufertigen. Pierre Calmels fertigte sehr schöne Laguioles mit rostfreier Klinge, geschmiedetem Ressort und feiner Guillochage.

Inoxstähle hatten endlich auch bei Laguiole-Messern Einzug gehalten. Karbonstahl wurde aber weiterhin verarbeitet, denn er hatte seine glühenden Anhänger. Nach dem Tod von Pierre Calmels übernahmen seine beiden Töchter die Nachfolge. Ihr Geschäft besitzt noch immer den Charme der Zeit von Jules Calmels mit hübschen, antiquierten Schaufenstern in einem Ambiente alter Holzvertäfelungen.

Oben: Laguiole von Calmels mit Biene und guillochiertem Ressort (um 1950).

Unten: Laguiole mit glattem Ressor. Gewölbte Nietköpfe, mit Perlmuttrosetten unterlegt (Calmels, um 1890). .

Jules Calmels (1874-1930).

Pierre Calmels (1913-1992).

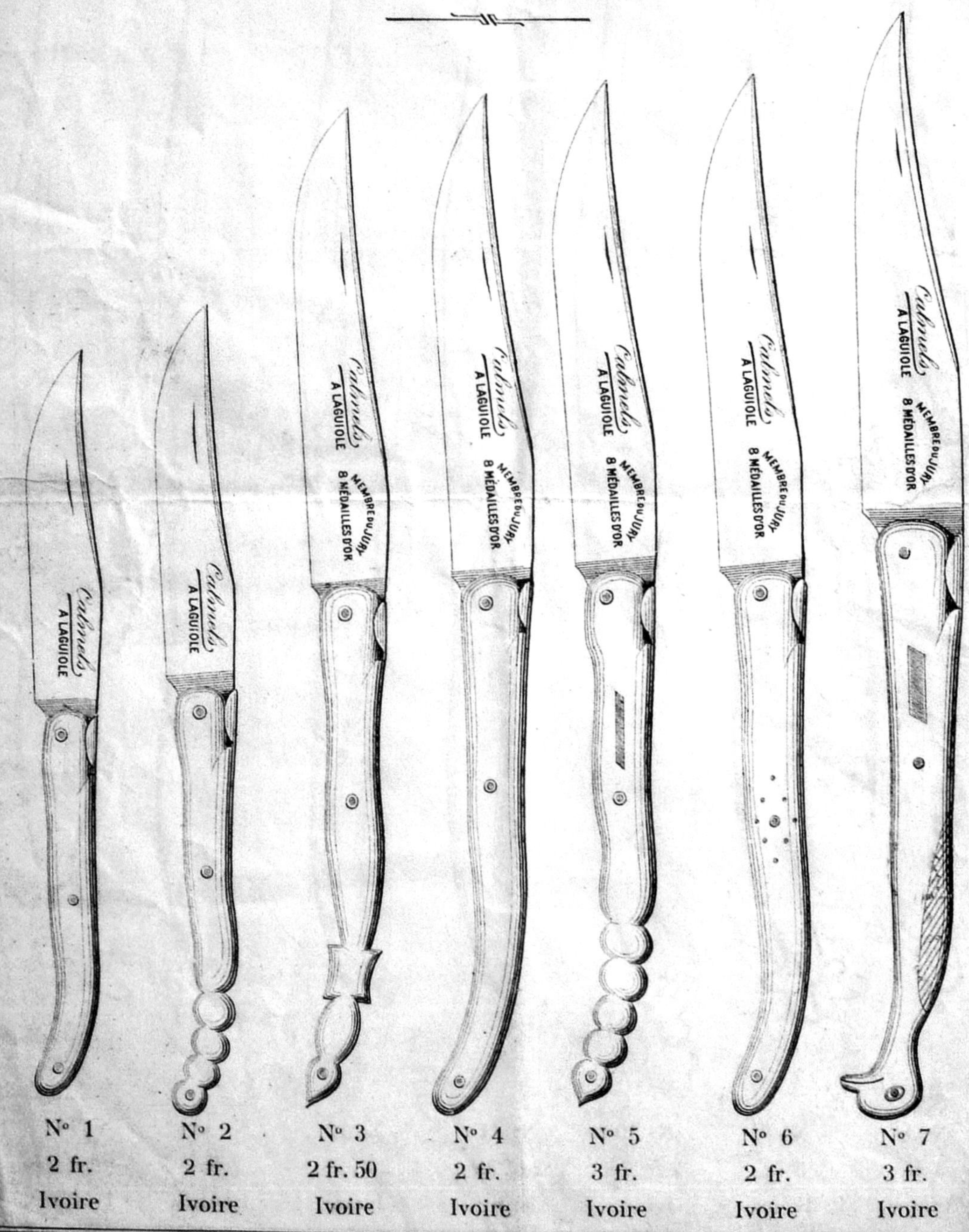

Katalog von Calmels in Laguiole (1898)

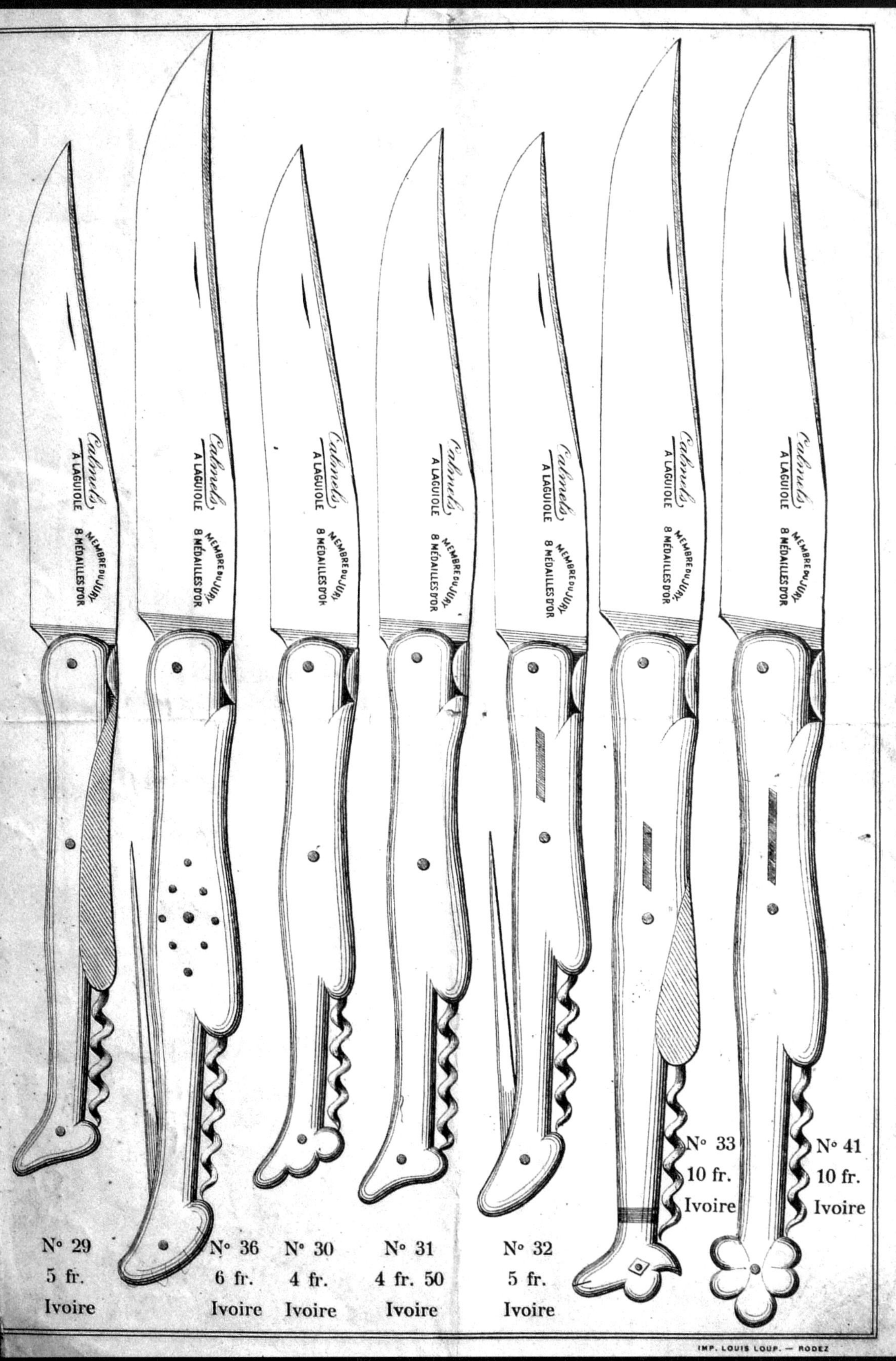
Calmels
A LAGUIOLE
MEMBRE DU JURY
8 MÉDAILLES D'OR
N° 29
5 fr.
Ivoire
N° 36
6 fr.
Ivoire
N° 30
4 fr.
Ivoire
N° 31
4 fr. 50
Ivoire
N° 32
5 fr.
Ivoire
N° 33
10 fr.
Ivoire
N° 41
10 fr.
Ivoire
IMP. LOUIS LOUP. — RODEZ

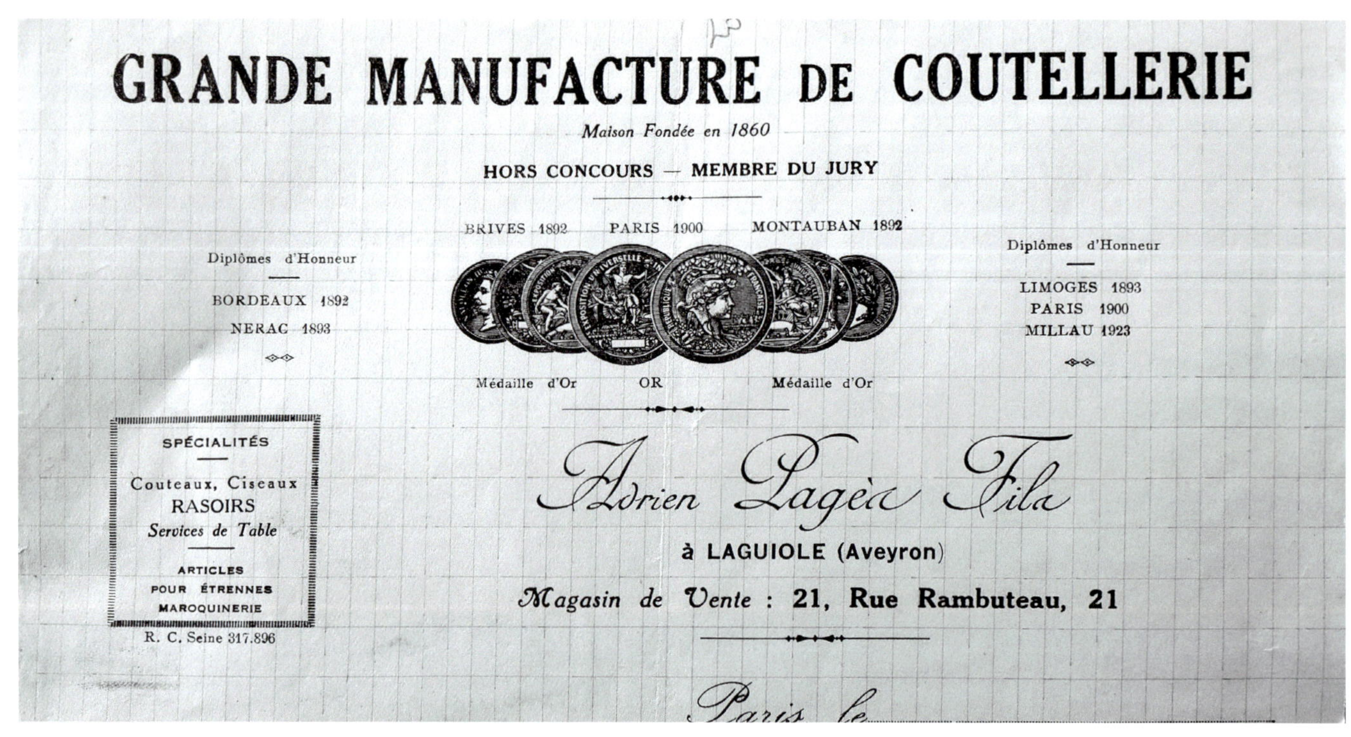

GRANDE MANUFACTURE DE COUTELLERIE

Maison Fondée en 1860

HORS CONCOURS — MEMBRE DU JURY

BRIVES 1892 PARIS 1900 MONTAUBAN 1892

Diplômes d'Honneur

BORDEAUX 1892
NERAC 1893

Diplômes d'Honneur

LIMOGES 1893
PARIS 1900
MILLAU 1923

Médaille d'Or OR Médaille d'Or

SPÉCIALITÉS
Couteaux, Ciseaux
RASOIRS
Services de Table
ARTICLES POUR ÉTRENNES
MAROQUINERIE

R. C. Seine 317.896

Adrien Pagès Fils

à LAGUIOLE (Aveyron)

Magasin de Vente : 21, Rue Rambuteau, 21

Paris le

Briefkopf der Coutellerie Adrien Pagès in Paris, dem Sohn von Henri.

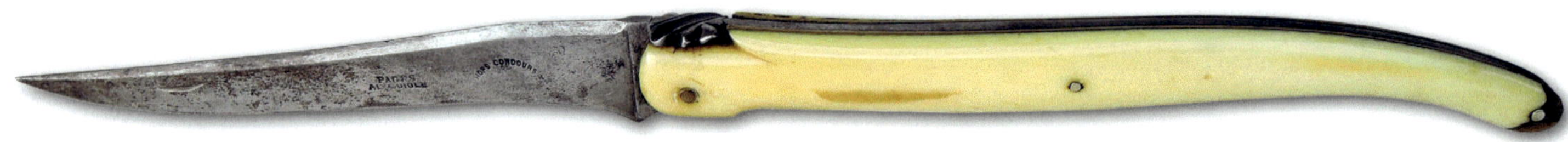

Laguiole von Henri Pagès mit geometrischer Mouche und glattem Ressort (um 1910).

DIE DYNASTIE PAGÈS

Obwohl erst spät (1860) zur Coutellerie in Laguiole gestoßen, kam die Familie Pagès wegen der Qualität ihrer Messer recht schnell zu hohem Ansehen. Joseph Pagès (1836-1917) war ein geschickter Schmied. Dem Beispiel von Jules Calmels folgend, begann er ab 1892 seine Messer auf Messen und Ausstellungen zu präsentieren. Manche seiner Messer stachen im Vergleich zu den Stücken seiner Kollegen aus dem üblichen Rahmen hervor. Dazu gehören beispielsweise seine „Harlekin-Messer".

Henri Pagès

Aber es war sein Sohn Pierre-Henri, kurz Henri genannt, der das Ansehen des Hauses Pagès auf höchstes Niveau brachte. Er war ein außergewöhnlicher Messerschmied und beherrschte vor allem den Umgang mit der Feile so perfekt, dass er die Mouches neuartiger und erfinderischer gestalten konnte. Mit seinen besonderen Fähigkeiten im Umgang mit der Feile meisterte er die Herausforderung, spiralförmige, gekrümmte Ahlen zu realisieren. Insgesamt strahlten seine Messer eine elegante Sachlichkeit aus.

Laguiole von Henri Pagès mit floraler Mouche und glattem Ressort (um 1900).

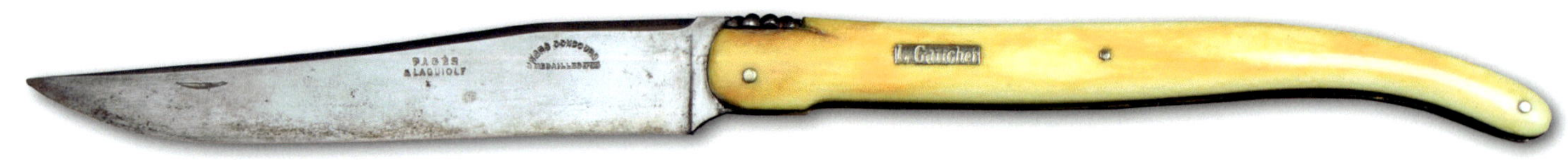

Goldmedaille, Montauban 1892, verliehen an Henri Pagès.

Goldmedaille, Paris 1900, verliehen an Henri Pagès.

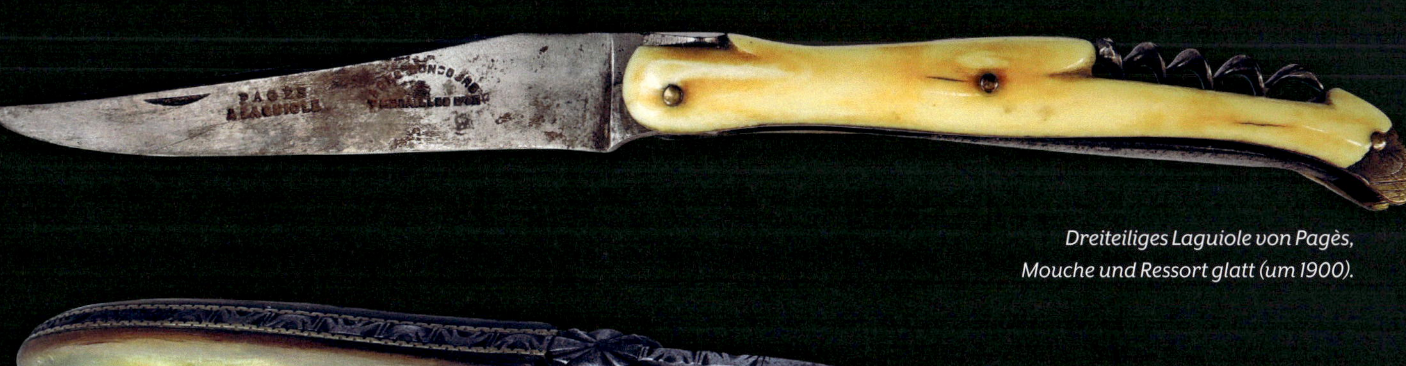

Dreiteiliges Laguiole von Pagès, Mouche und Ressort glatt (um 1900).

Die Verzierung der Mouches folgte bei Calmels (hier) und Pagès dem gleichen Muster.

Ehrendiplom, Limoges 1893, verliehen an Joseph Pagès.

Diplôme Hors Concours, Millau 1923, verliehen der Witwe Pagès.

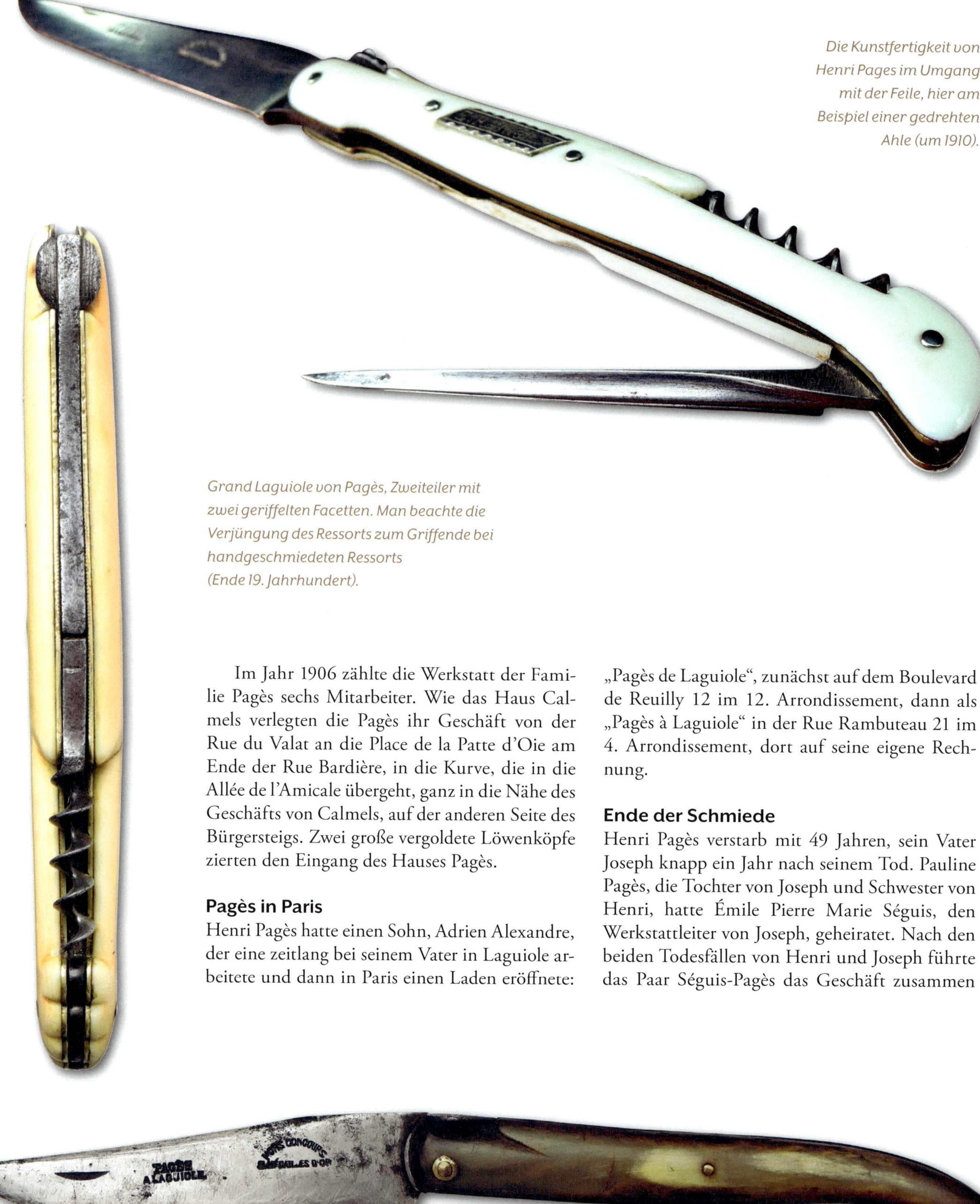

Die Kunstfertigkeit von Henri Pages im Umgang mit der Feile, hier am Beispiel einer gedrehten Ahle (um 1910).

Grand Laguiole von Pagès, Zweiteiler mit zwei geriffelten Facetten. Man beachte die Verjüngung des Ressorts zum Griffende bei handgeschmiedeten Ressorts (Ende 19. Jahrhundert).

Im Jahr 1906 zählte die Werkstatt der Familie Pagès sechs Mitarbeiter. Wie das Haus Calmels verlegten die Pagès ihr Geschäft von der Rue du Valat an die Place de la Patte d'Oie am Ende der Rue Bardière, in die Kurve, die in die Allée de l'Amicale übergeht, ganz in die Nähe des Geschäfts von Calmels, auf der anderen Seite des Bürgersteigs. Zwei große vergoldete Löwenköpfe zierten den Eingang des Hauses Pagès.

Pagès in Paris

Henri Pagès hatte einen Sohn, Adrien Alexandre, der eine zeitlang bei seinem Vater in Laguiole arbeitete und dann in Paris einen Laden eröffnete: „Pagès de Laguiole", zunächst auf dem Boulevard de Reuilly 12 im 12. Arrondissement, dann als „Pagès à Laguiole" in der Rue Rambuteau 21 im 4. Arrondissement, dort auf seine eigene Rechnung.

Ende der Schmiede

Henri Pagès verstarb mit 49 Jahren, sein Vater Joseph knapp ein Jahr nach seinem Tod. Pauline Pagès, die Tochter von Joseph und Schwester von Henri, hatte Émile Pierre Marie Séguis, den Werkstattleiter von Joseph, geheiratet. Nach den beiden Todesfällen von Henri und Joseph führte das Paar Séguis-Pagès das Geschäft zusammen

Laguiole von Pagès für die bäuerliche Kundschaft, Einteiler mit Horngriff (um 1900).

mit der Witwe von Henri, Berthe Roquette, fort. Nach 1926 betrieb Berthe Rouquette das Geschäft allein. Die eigene Messerproduktion war eingestellt worden: Sie ließ ihre Modelle nun unter der Marke „Pagès à Laguiole“ in Thiers anfertigen. 1950 schloss das Geschäft.

Die anderen Mitglieder der Familie Pagès

Zwei weitere Mitglieder oder Verwandte der Familie Pagès arbeiteten im Messerhandel: Louis Belmon, geboren 1862, war Sohn eines Uhrmachers und heiratete 1888 Mathilde, die Schwester von Henri Pagés. Nach der Heirat führte er den Namen „Belmon-Pagès“. Neben dem Uhrenhandel verkaufte er in Thiers hergestellte Laguiole-Messer unter dem Namen „Bemon-Pagès“. Er starb 1918 am Tag des Waffenstillstands, der den Ersten Weltkrieg beendete. Als er den Namen Pagès dem seinem zuordnete, hoffte Louis Belmon wahrscheinlich, von der Reputation des Namens Pagès zu profitieren. Die Schwester von Adrien Pagès, Marthe, war mit Casimir Glandières verheiratet, dessen Neffe Léopold 1938 ein noch heute existierendes Messergeschäft in der Allée de l'Amicale eröffnete.

Oben: Laguiole von Pagès, Einteiler mit Einlegedekor (u m 1900).

Mitte: Laguiole von Pagès, Einteiler mit „trèfle“ (Kleeblatt), Ende 19. Jahrhundert.

Unten: Laguiole von Henri Pagès, Mouche mit Längsstreifen, guillochiertes Ressort, Dreiteiler (um 1910).

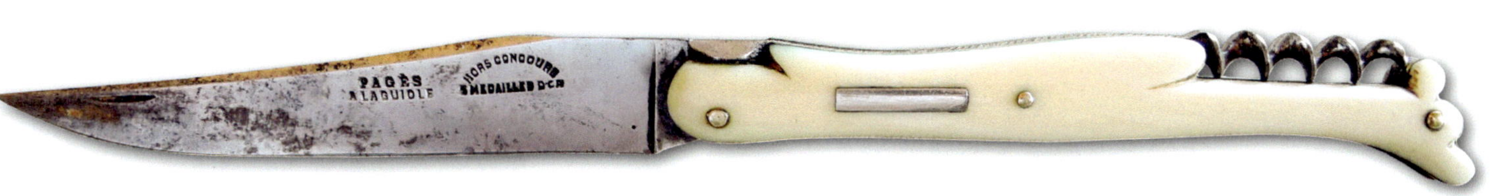

Laguiole „patte de bélier“ (Schafsfuß), Zweiteiler, gefräster Korkenzieher (Pagès, Ende 19. Jahrhundert).

Auf Handkarren lieferten die Bougnats Kohle und Brennholz in die Häuser.

Das Laguiole wird zum Messer der Bougnats

Lieferung von heißem Badewasser.

DER HANDEL MIT HEISSEN BÄDERN IN PARIS

Zu Beginn des 19. Jahrhunderts zogen viele Bewohner des Aubrac „hinauf" nach Paris, um sich dort als Träger von Badewasser zu verdingen. Die Schuhe hatten sie zur Schonung über die Schulter gehängt, nur manche Etappen bewältigten sie auf ihrem Weg in die Hauptstadt in der Postkutsche.

Eine kräftezehrende Arbeit

Wollte man in Paris ein heißes Bad nehmen, musste man es bestellen. Das Geschäft mit heißen Bädern blühte und verlangte nach kräftigen Armen beherzter Arbeiter, die ihre Stunden nicht zählten. Die mit einem Pferd angespannte Karre transportierte einen Tank mit heißem Wasser, vier Zinkbadewannen sowie zwei Paar Holzeimer. Die Badewasserlieferanten waren von den Concierges nicht gerne gesehen, denn sie befürchteten, dass das viele Auf- und Absteigen die Treppenstufen verunreinigte, die sie stets mühevoll zum Glänzen brachten.

Am Bestimmungsort angekommen, musste zunächst die Badewanne hinaufgebracht und bei

Der Korkenzieher eines Laguiole-Messers war ein hochgeschätztes Accessoire der Pariser Bougnats.

der Kundin aufgestellt werden. Dann wurde sie über die Treppe mit jeweils zwei Eimern voll heißem Wasser aus dem Tank befüllt. War die Kundin zufrieden und hatten weder Hausmagd noch Concierge etwas auszusetzen, bezahlte sie den vereinbarten Tarif und gab der Mannschaft, die sie bedient hatte, obendrein ein Trinkgeld.

Der Chef, häufig ein schon seit längerer Zeit ansässiger Auvergnate, bezahlte nur einen mageren Lohn, so dass die Trinkgelder das eigentliche Einkommen darstellten. Mit dem zunehmend in Wohnungen verfügbaren fließenden Wasser verschwand der Beruf des Badewasserlieferanten jedoch allmählich.

HOLZ- UND KOHLELIEFERUNG

Die ehemaligen Buronniers stiegen aus dem Badewassergeschäft aus und widmeten sich dem Holz- und Kohlehandel, in dem bereits einige Leute aus dem Aubrac arbeiteten. In den Pariser Straßen sah man Männer mit kohlengeschwärzter Haut und einer aus einem Kohlensack abge-

Pferdegespann mit Heißwassertank, Badewannen und Eimern, um das heiße Wasser in die Etagen zu tragen (Ende 19. Jahrhundert).

Charakteristisches Schaufenster eines Bougnat in Paris, rechts Kohle und Holz, links Getränkehandel.

schnittenen Ecke als Kopfbedeckung. Die Pariser Wohnungen wurden einzeln mit Holz oder Kohle beheizt, auch zum Kochen griff man auf diese Brennstoffe zurück. Die ältesten Pariser Mietshäuser hatten noch keinen Kohlenkeller, so dass Holz und Kohle in die jeweiligen Etagen geliefert werden mussten.

Die Anfänge der Aveyronnaiser „Bistrokratie"

Nach und nach gaben die Leute aus dem Aubrac die saisonale Arbeit auf und wurden Vollzeit-Pariser. Im Aveyron nannte man einen Landsmann, der sich in Paris niedergelassen hatte, einen „Parisien". Dank harter Arbeit und dem von anderen Landsleuten, oft ihren Lieferanten, geliehenen Geld, konnten sie die Betriebe erwerben, in denen sie arbeiteten. Zum Holz- und Kohlehandel kam noch der Weinhandel samt Ausschank hinzu. Der Wein-Holz-Kohle-Handel der Bougnats verschwand in den 1950er Jahren und wandelte sich zum Alkoholausschank und Bierverlag. Mit rückgehendem Handel gaben die Pächter den vorderen, für Holz und Kohle vorgesehenen Lagerraum auf, erweiterten den Ausschank und stellten dort mehr Tische für die Kundschaft auf. Mit viel Arbeit und ihren Ersparnissen konnten die Ex-Bougnats immer bedeutendere Betriebe erwerben, bis hin zu den gefragtesten Brasserien der Hauptstadt. Sie bildeten die „Bistrokratie" der Aveyronnaiser in Paris, auch „la Limonade" genannt.

Ein Schaufenster für das Laguiole

Die Aveyronnaiser der Hauptstadt kauften ihr Laguiole in den Ferien während eines Besuchs in ihrer Heimat oder schlossen sich in Paris für Sammelbestellungen zum Jahresende zusammen. Für die Messermacher in Laguiole stellten sie einen festen Kundenstamm dar und waren ein extrem wichtiger Aktivposten für die Verkaufsförderung der Laguiole-Messer in Paris. Ein in der Hauptstadt niedergelassener Bougnat stand hinter seiner Theke, zog stolz sein Laguiole aus der Tasche und klappte vor den verdutzten Augen seiner Pariser Kunden den Korkenzieher aus, um eine gute Flasche zu entkorken. Als Messer der Viehzüchter und Buronniers des Aubrac

Bauern-Laguiole, Mas Cadet (Ende 19. Jahrhundert).

Die Pariser aus dem Aveyron führten in der Hauptstadt eine Vielzahl von Geschäften.

war das Laguiole in den Taschen der Aveyronnaiser Auswanderer nach Paris gelangt. Und dort war es nun auch städtisch geworden.

Laguiole von Glaize, Zweiteiler mit Dorn (um 1920).

Verzierung und florale Mouche auf einem Laguiole von Glaize (Ende 19. Jahrhundert). Im Griff aus Horn ist ein Halbressort eingelassen. Eine Seltenheit bei den Laguioles, aber in der Tarn verbreitet.

Vom Gebrauchsmesser zum Schmuckstück

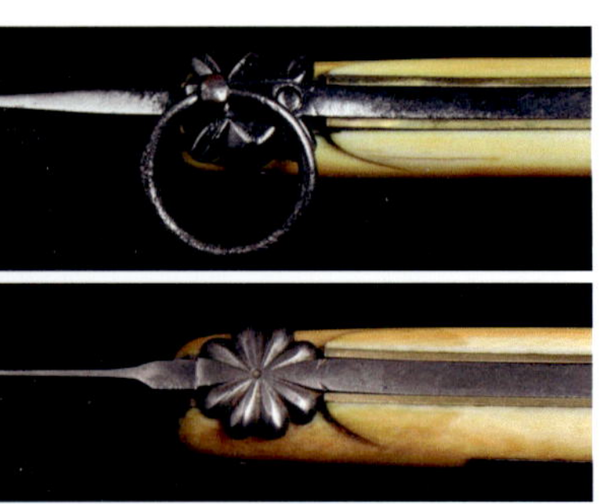

Mouche von Calmels (oben) und von Pagès (unten).

Nachdem das Laguiole vom Werkzeug eines Bauern im Aubrac zum städtischen Messer geworden war, machte es sich nun daran, bürgerlich zu werden. Im letzten Drittel des 19. Jahrhunderts erschienen die ersten verzierten Laguioles. Das gewöhnliche Laguiole als bäuerliches Werkzeug fand weiterhin guten Absatz, aber die wohlhabendere Kundschaft verlangte nach salonfähigen, feiner ausgearbeiteten Messern. Diese Kundschaft bestand aus reichen Gutsbesitzern des Aubrac, Bürgern der guten Gesellschaft in den Aveyronnaiser Städten und den Mitgliedern der Aveyronnaiser Bistrokratie in Paris, aber auch aus einer städtischer Kundschaft, die sich für das Laguiole der Bistrowirte der „Limonade" begeisterte.

DIE ERSTEN

1889 war ein Schlüsseldatum für das Laguiole: Es markiert das Auftauchen der ersten Dekore. Die Messerschmiede in Laguiole beherrschten den souveränen Umgang mit der Feile, so dass ganz logisch die Stahlflächen von Ressort und Mouche erste dekorative Elemente erhielten. Das mit der Feile hergestellte Dekor auf dem Ressort

Die geometrische Mouche von Henri Pagès zeigt den perfekt beherrschten Umgang mit der Feile (um 1910).

Florale Mouche von Calmels (Ende 19. Jahrhundert).

Die Gestaltung der beiden Mouches zeigt den gleichen Ansatz, den „Laguiole-Stil“: links Cure-Cadet, rechts Glaize (Ende 19. Jahrhundert).

wurde „Guillochage“ genannt. Ab 1880 zeigten die Mouches zuerst florale Dekore: Kleeblätter, Margeriten oder geometrische Motive. Es ist gut möglich, dass sich die Messerschmiede von der reichen Flora des Aubrac inspirieren ließen, die ja eine große Rolle bei der Ernährung der Kühe spielte und dem Laguiole-Käse seine geschmackliche Qualität verlieh. Die Messerschmiede beschnitzten aber die Elfenbeingriffe nicht, sie begnügten sich mit einer sauberen Oberflächenbearbeitung. Den Griff schmückten kleine Nägelchen in geometrischen Mustern, auch rautenförmige oder abgerundete Dekore, dazu „tête d'amande“ (Mandelkopf) oder ineinander verschlungene Wirbel von Nägelchen.

Herausarbeiten der Mouche

Die ersten Guillochagen auf den Ressorts der Laguioles zeigten lokalen Charakter und unterstrichen damit ihre Herkunft aus Laguiole. Erst die Bearbeitung der Mouche ermöglichte die „Handschrift“ eines einzelnen Urhebers zu identifizieren. Im Dekor des Ressorts wechselten sich mit Rundfeile gezogene Striche mit den Strichen eckiger Messerfeilen ab, oder eine Reihe von breiten, mit Rundfeilenstrichen gezogenen Rundungen, oder auch Netze aus abwechselnd dreieckigen Motiven. Bei einigen der frühen verzierten Laguioles war nur das Ressort guillochiert, die Mouche blieb glatt, ohne jedes Dekor.

Florale Guillochage auf einem großen Laguiole von Calmels (Ende 19. Jahrhundert).

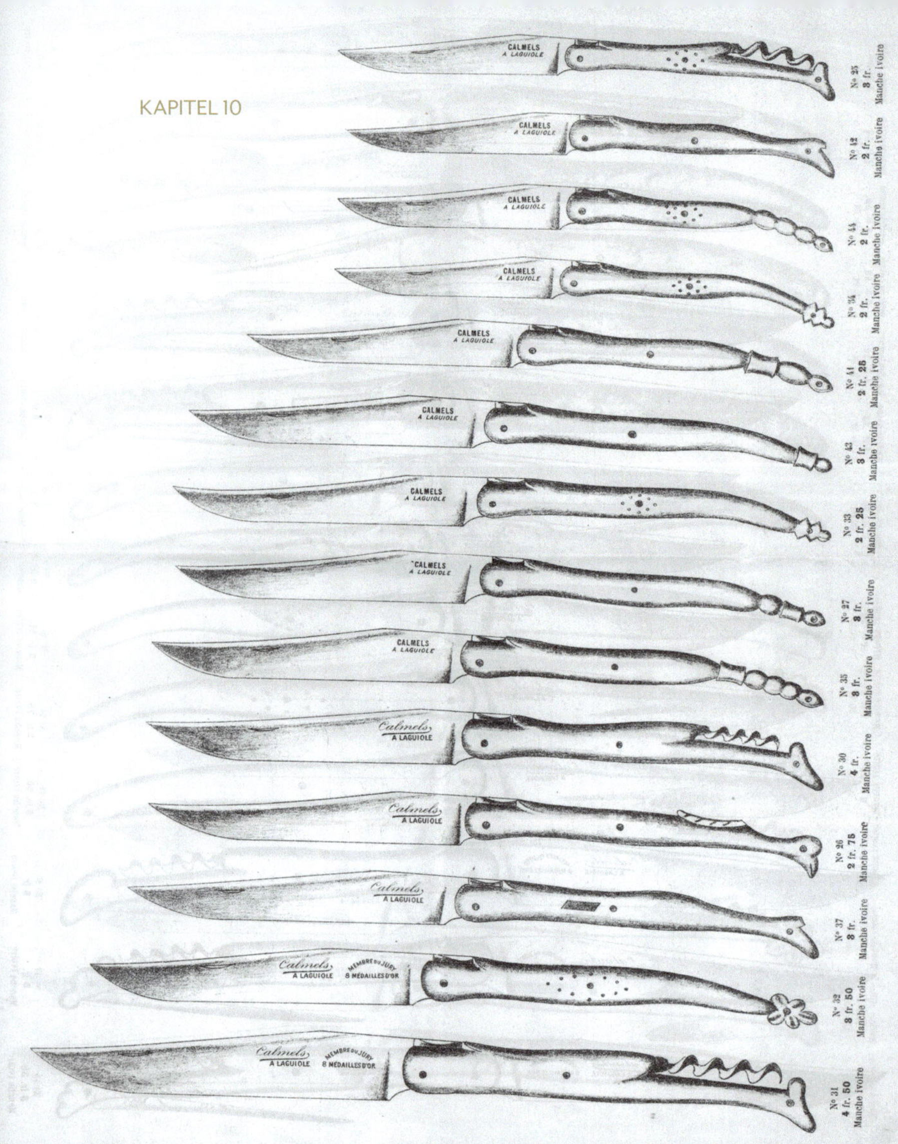

Katalog von Calmels, 1907.

Eleganz der Griffe

Als sich die Jugendstilbewegung ankündigte, erhielten die Messergriffe für die bürgerliche Laguiole-Kundschaft eine künstlerische Gestalt. Bedingt durch die räumliche Nähe der Werkstätten erschien eine Neuerung bei dem einen Messermacher und wurde dann schnell von den anderen aufgegriffen. Zu dieser Zeit war das keine Frage des Markenschutzes, sondern eines gemeinsamen Wetteifers.

Die Messerschmiede in Laguiole kamen auf die Idee, die Griffenden wie ein Kleeblatt zu gestalten. Elfenbein erwies sich als besonders geeignet, um durch die Bearbeitung mit Raspel und Feile eine gewünschte Form anzunehmen. Nach dem Polieren präsentierte sich das Elfenbein zudem in luxuriösem Glanz.

Für das gewünschte Ergebnis mussten Ressorts und Griffschalen aus Elfenbein in die pas-

Laguiole „aile de pigeon" (Taubenflügel).

Laguiole „grelot" (Perlzwiebel) oder „queue de scorpion" (Skorpionschwanz).

Laguiole „bottine" (Stiefelchen).

Laguiole „patte de bélier" (Widderfuß).

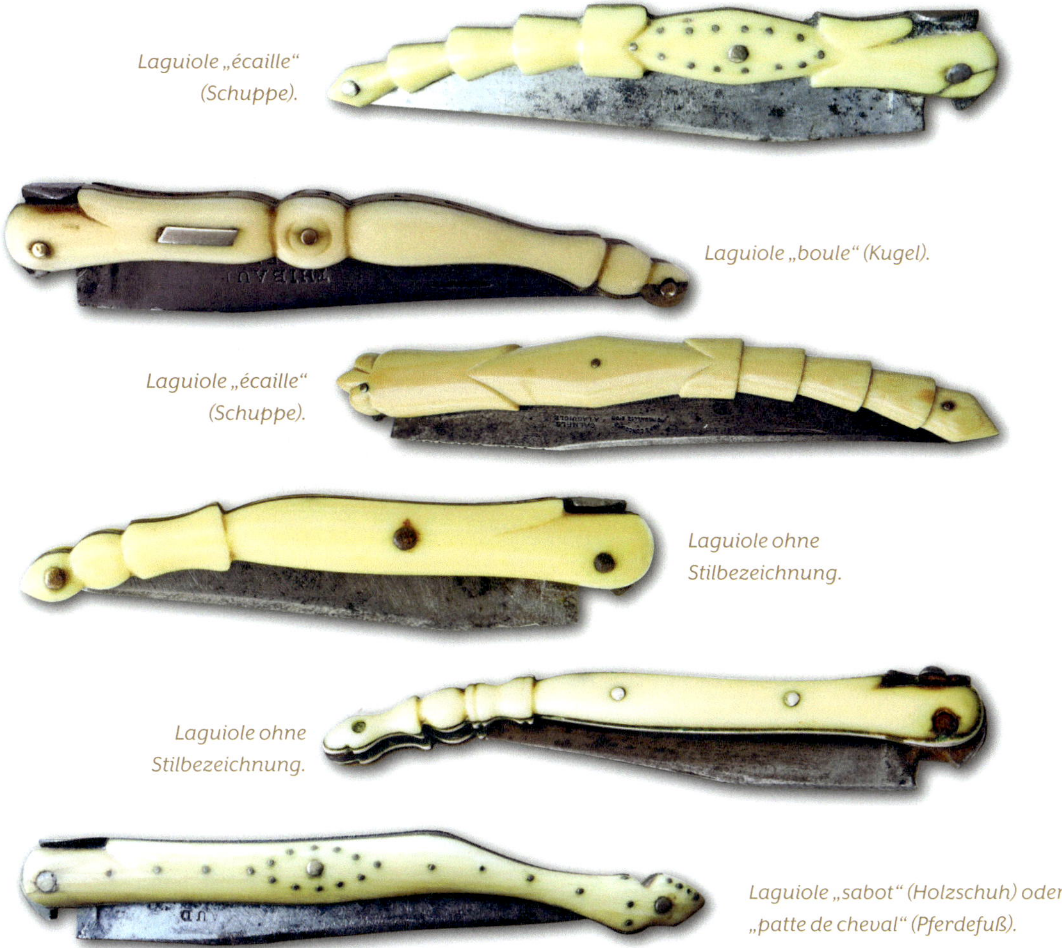

Laguiole „écaille" (Schuppe).

Laguiole „boule" (Kugel).

Laguiole „écaille" (Schuppe).

Laguiole ohne Stilbezeichnung.

Laguiole ohne Stilbezeichnung.

Laguiole „sabot" (Holzschuh) oder „patte de cheval" (Pferdefuß).

Laguiole „arlequin" (Harlekin).

sende Form gefeilt werden. Es entstanden Griffenden in Form von Schellen, Vogelköpfen, gestiefelten Beinen, Pferde- oder Widderfüßen, Schmetterling- oder Taubenflügel. Bei Calmels und Pagès fand man schließlich eine sehr ähnliche Modellvielfalt. Bei Glaize tauchten originelle Griffvarianten aus Elfenbein auf, ein wenig im Rokoko-Stil, mit gebogenen Formen oder geschnitzten Müllerköpfen mit entsprechender Mütze.

Ende des 19. Jahrhunderts erschienen „Laguioles cerclés" oder „Laguioles à filets" genannte Modelle. Bei ihnen sägte der Messermacher mit einer feinen Säge schmale Schlitze in die Griffschalen und legte dort Messingdrähte ein, die wie ein Gewinde oder Netz den Griff aus Elfenbein, Ebenholz oder Horn umsponnen. Die gewunden wirkenden Fäden wurden beim Polieren der Griffoberfläche angepasst. Diese „Laguioles cerclés" zeigten eine feine Eleganz.

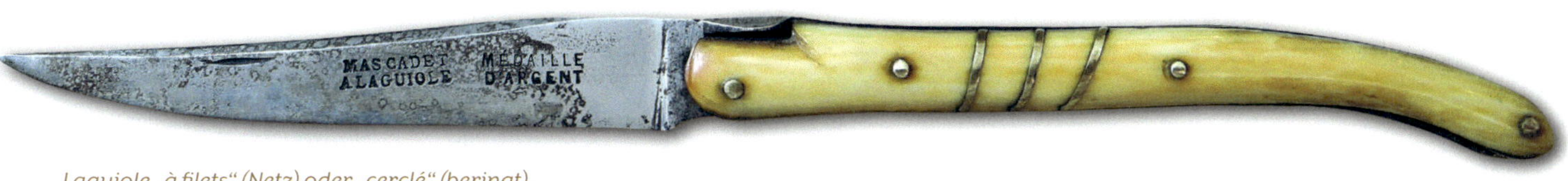

Laguiole „à filets" (Netz) oder „cerclé" (beringt).

Laguiole von Jules Calmels mit eleganter Guillochage auf Ressort und Dorn. Platinen mit Rädeldekor (um 1920).

Eine der ersten Bienen, Vorreiter und Wegbereiter der neuen Art, eine Mouche zu verzieren. Die Biene wird zum Symbol der Laguioles, hier auf einem Stück von Calmels (Anfang 20. Jahrhundert).

Diese Guillochage ist typisch für den klassischen Stil con Calmels. Man findet sie bei beiden Generationen der Messerschmiede: Jules und Pierre.

Das Auftauchen der Biene

Als Dekorelement für die Mouche taucht die Biene erst deutlich später auf, nämlich einige Jahre vor Beginn des Ersten Weltkriegs, gegen 1910. Jules Calmels verwendete als erster Messerschmied in Laguiole eine Biene als neues Dekor für die Mouche. Er konnte sich vermutlich nicht vorstellen, dass die Biene zum Sinnbild des Laguiole-Messers im 20. Jahrhundert und sein weltweites Erkennungszeichen werden würde.

LAGUIOLE-TAFELMESSER

In den Werkstätten des Dorfes wurden parallel zu den Klappmessern verschiedene Serien von handgeschmiedeten Laguiole-Tafelmessern in sorgfältiger bis luxuriöser Ausführung hergestellt. Diese wurden als Besteckgarnituren in Sechser- oder Zwölfer-Sets verkauft. Die Messer besaßen keine Mitres (Verstärkung des vorderen Griffendes aus gestanztem Messing), sondern sogenannte „pleins manches“ (volle Griffe ohne Mitres) aus Ebenholz, Elfenbein, seltener aus Horn. Sie übernahmen entweder die gebogene Form eines klassischen Laguioles oder endeten in Form eines Pferdehufs.

Laguiole, Tafelmesser-Set von Mas Cadet, handgeschmiedet wie die Taschenmesser (um 1900).

Mit Medaillen auf dem Weg zum Erfolg

Die Messerschmiede erhielten eine Urkunde und eine Medaille, deren Metall für den Grad der Auszeichnung stand.

Die Auszeichnung mit einer allerersten Silbermedaille im Jahr 1868 in Rodez war für Pierre Calmels der Beginn einer Epoche, die das Ansehen der Messerschmiede von Laguiole und den weiteren Erfolg der Laguiole-Messer beflügeln sollte. Auf regionalen Märkten, nationalen Ausstellungen, internationalen Messen oder auf der Weltausstellung wurde alles gezeigt, was Industrie und Handwerk der aktivsten Nationen an Gütern produzierten. Die Präsentation auf einem derart bedeutenden Markt bedeutete immer eine besondere Gelegenheit, mit einer großen Zahl von Verbrauchern in direkten Kontakt zu kommen.

NATIONALE UND INTERNATIONALE WETTBEWERBE

Wettbewerbe wurden gemäß den nationalen oder internationalen Regeln und Statuten der Messe nach Produktklassen organisiert. Das Ministerium für Handel und Industrie bestimmte die Regeln für die Kandidatur, die Zusammensetzung der Jury, Form und Vergaben von Nennungen und Auszeichnungen. Die Seriosität, mit der die Jurys ihren Aufgaben nachkamen, verlieh den Auszeichnungen beachtliches öffentliches Ansehen. Auch die Messerschmiede erkannten die Bedeutung, die eine Beteiligung an diesen Wettbewerben hatte. Die Jury setzte sich zusammen aus handverlesenen, anerkannten Fachleuten ihres Bereichs. Die Produktklasse Schneidwaren umfasste die Hersteller von Rasierern, Scheren, Tafel- und Klappmessern. Auszeichnungen wurden nicht für ein spezielles Produkt verliehen, sondern die Beurteilung bezog sich auf die Gesamtheit der von einem Aussteller präsentierten Exponate.

Die beste Werbung: der Gewinn einer Medaille

In einer Öffentlichkeit, die keine andere Form als

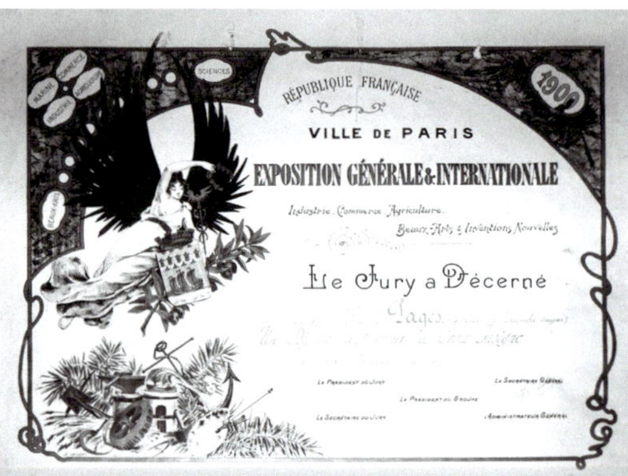

Ausstellung in Paris 1900, Ehrendiplom für Henri Pagès.

Ausstellung in Bordeaux 1892, ein früheres Diplôme d'Honneur für Pagès.

Die Medaillengewinner zeigten gern die Anzahl ihrer Auszeichnungen auf den Klingen.

die Mund-zu-Mund-Propaganda und gedruckte Reklame kannte, stellte die Verleihung einer Medaille durch eine offizielle Jury im Rahmen eines öffentlichen Wettbewerbs, sei es eine Gold-, Silber oder Bronzemedaille, die beste Werbung für einen Messerschmied dar. Der preisgekrönte Schmied stellte seine Medaillen im Schaufenster aus, druckte sie auf seine Korrespondenz und ptägte sie auf seine Klingen. Der Kunde bekam so die Sicherheit, ein Qualitätsmesser aus einer renommierten Messerschmiede zu erwerben.

Auszeichnungen konnten als Silber- oder Goldmedaillen vergeben werden, je nach den Bestimmungen, die sich mit den Jahren änderten. Hatte ein Aussteller drei Goldmedaillen errungen und wurde er damit selbst zum Mitglied der Jury ernannt, konnte er am Wettbewerb nicht

MAISON FONDÉE EN 1829

Grande Manufacture Electrique de Coutellerie

RODEZ-1868 · RODEZ 1876 · PARIS - 1900 · CASTRES-1894 · LIMOGES - 1893

Argent · Vermeil · Argent 1re Classe · Diplôme d'Honneur · Diplôme d'Honneur · Diplôme d'Honneur · Or

HORS CONCOURS · MEMBRE DU JURY

Jules Calmels

À LAGUIOLE (Aveyron)

Eine auffallende Werbemaßnahme war der Katalog von Calmels von 1907. Er wirbt mit den errungenen Medaillen auf der ersten Seite an hervorgehobener Position.

EINE BRILLANTE ERFOLGSBILANZ

Eine kurze, nicht vollständige Liste der von der Messerschmiede Calmels errungenen Medaillen: 1868, Rodez Silbermedaille; 1876, Silber I. Klasse; 1892, Silbergold; 1893, Narbonne Ehrendiplom; 1893, Narbonne Goldmedaille; 1893, Limoges Ehrendiplom; 1893, Weltausstellung in Paris Goldmedaille; 1894, Castres Großer Preis; 1900, Paris Weltausstellung Ehrendiplom; 1924, Rodez Ehrendiplom. Das Haus Calmels erzielte zehn Goldmedaillen und prägte das auf seine Klingen. Das Haus Pagès wurde 1892 in Bordeaux mit dem Ehrendiplom geehrt; 1892, Brive Goldmedaille; 1892, Montauban Goldmedaille; 1893, Nérac Ehrendiplom; 1893, Limoges Ehrenmedaille; 1897, Marseille Kolonialausstellung gemeinsame Silbermedaille mit Calmels und Salettes, 1923, außer Konkurrenz (der Witwe Pagès verliehene Belohnung). Das Haus Pagès erzielte acht Goldmedaillen und prägte das ebenfalls auf die Klingen.

Auf der Klinge dieses Laguioles von Pierre Calmels sind zehn über mehrere Generationen errungene Goldmedaillen vermerkt.

Ausstellungsfläche der Schneidwarenhersteller auf der Weltausstellung in Paris von 1900.

mehr teilnehmen. Er wurde „außer Konkurrenz" eingestuft und durfte auch diesen prestigeträchtigen Titel auf die Klingen seiner Messer prägen. Andere Messerschmiede zeigten die Anzahl der errungenen Goldmedaillen an.

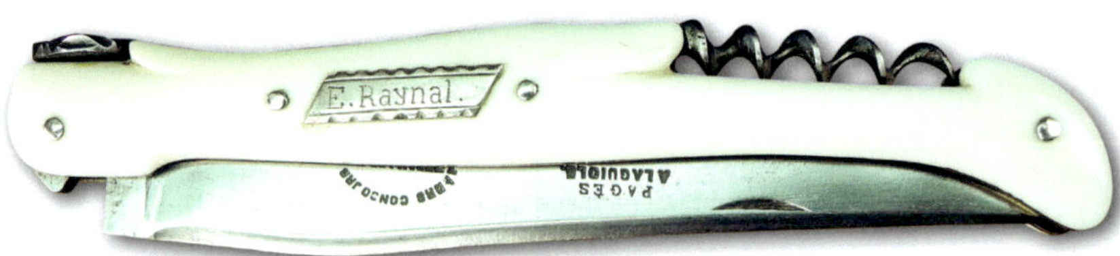

Laguiole von Henri Pagès, Dreiteiler, Klinge gemarkt mit „Hors Concours, 7 Médailles d'Or" (um 1910).

Die Bekanntheit der Messerschmiede steigt dank der Eisenbahn

Mit Fertigstellung der Eisenbahnlinie im Jahr 1878 begann die Erschließung des Departements Aveyron. Diese neue Fortbewegungsart erlaubte, jeden beliebigen Ort Frankreichs viel leichter zu erreichen als mit Postkutsche oder zu Pferd. Sie eröffnete den Messerschmieden aus Laguiole, die sich über die Grenzen ihres Departements hinaus präsentieren wollten, zusätzliche Möglichkeiten. Sie konnten nun mit ihren Musterkoffern zu den großen Ausstellungen in der Hauptstadt oder in der Provinz reisen, dort ausstellen, an den Wettbewerben teilnehmen und eine große Zahl Medaillen erringen, womit das Ansehen der

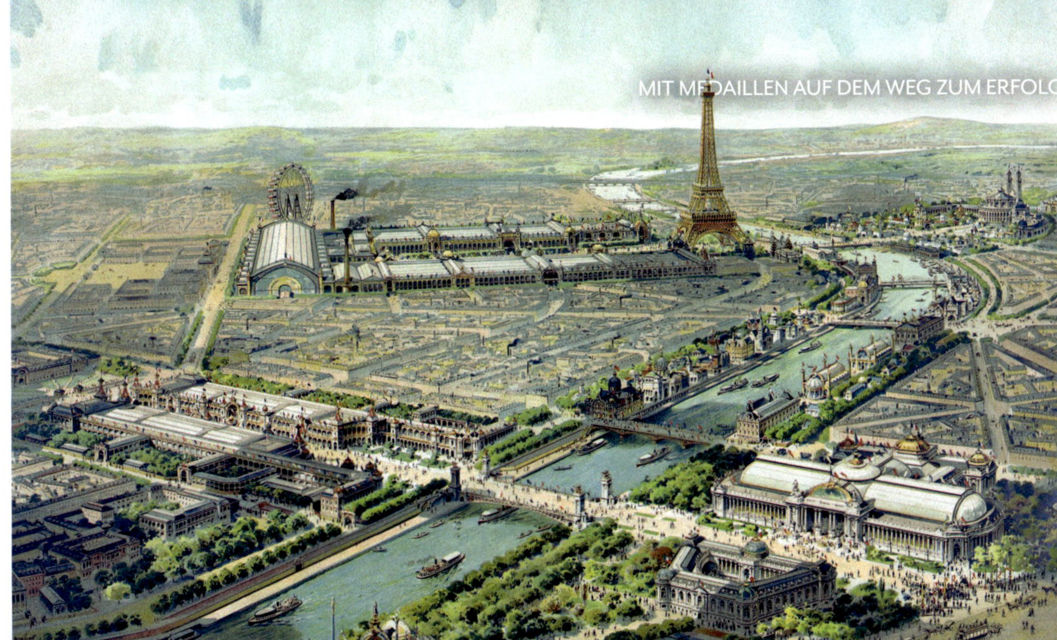

Die Weltausstellung 1900 in Paris war ein Publikumsmagnet. Drei Messerschmiede aus Laguiole stellten auf einem Gemeinschaftsstand aus.

Laguioles gefestigt wurde. Im Verlauf von 20 Jahren wurden sie mit ungefähr 30 Medaillen für die Qualität ihrer Messer ausgezeichnet. Diese Medaillen blieben weder bei der Gemeinschaft der Aveyronnaiser in Paris noch vor Ort unbeachtet. Berichte und Pressemeldungen wurden ausführlich kommentiert und im Aubrac von Hand zu Hand weitergereicht oder in Briefen an die nahe Verwandtschaft verbreitet. Zwischen Paris und der Heimat kursierten Gerüchte und Neuigkeiten schnell.

Auszeichnungen für Gemeinschaftsprojekte

Unter den Messerschmieden in Laguiole herrschte ein gutes Einvernehmen. Ganz selbstverständlich entwickelten Calmels und Pagès aus Laguiole mit Salettes aus Espalion im Jahr 1897 die Idee eines gemeinsamen Projekts, mit dem sie sich auf der Kolonialausstellung in Marseille vorstellen wollten. Der eine schmiedete die Klingen, der andere die Ressorts mit Ring, und der dritte kümmerte sich um das Dekor. Gemeinsam errangen sie eine Silbermedaille.

Das war nicht das einzige Gemeinschaftsprojekt: Die Weltausstellung in Paris im Jahr 1900 zeichnete sich als die bedeutendste Ausstellung zur Jahrhundertwende ab. Zahlreiche Nationen planten die Errichtung von Themenpavillons, um dort ihr industrielles und handwerkliches Können vorzustellen. Die Schmiede Calmels und Pagès verständigten sich mit Unterstützung der Präfektur des Aveyron auf eine gemeinsame Bewerbung für eine Ausstellungsfläche. Calmels wurde zum Mitglied des Organisationskomittees berufen. Ihm wurde eine Ehrenmedaille verliehen, Pagès eine Gold- und eine Ehrenmedaille. Die im Rahmen der Weltausstellung errungenen Medaillen waren die prestigeträchtigsten.

RUF FÜR GUTE QUALITÄT – ZU RECHT

Künstler und Journalisten zählten zu den Kunden der Nobelgastronomie und Brasserien der Aveyronnaiser „Bistrokratie" in der Hauptstadt. Sobald ein Messerschmied unter ihren Landsmännern eine Auszeichnung errungen hatte, warben die Patrons damit bei ihren Gästen. So wurde das Laguiole zunehmend bekannter und erarbeitete sich einen Ruf für seine Qualität.

Laguiole von Henri Pagès, Einteiler, Klinge gemarkt mit „Hors Concours, 8 Médailles d'Or" (um 1915).

Die Hochzeits-Laguioles: Wettlauf zum Gigantismus

Sehr großes Hochzeits-Laguiole von Calmels (Ende 19. Jahrhundert), der Korkenzieher ist riesig.

In Laguiole wurden in den 1870er Jahren einige große Laguiole-Messer mit Cran d'arrêt und Ring angefertigt. In den 1880er Jahren kam in den wohlhabenden Familien der Gutsbesitzer und der bürgerlichen Familien in den Aveyronnaiser Städten die Mode der sogenannten „Hochzeitsmesser" auf. Wenn der künftige Schwiegersohn von den Brauteltern akzeptiert war, schenkte der zukünftige Schwiegervater dem Verlobten ein großes, luxuriöses Laguiole, normalerweise mit Elfenbeingriff, als Zeichen der Aufnahme in die Familie.

PRESTIGESTÜCKE

Ein solches wertvolles Laguiole konnte ein großes Klappmesser sein, das sich in einer Schmuckkassette präsentierte. Dabei achtete der Schmied darauf, dass seine Marke, zum Beispiel „Calmels à Laguiole", in den Stoff eingestickt war, der die Schatulle innen auskleidete. Das Geschenk konnte auch ein Vorlegebesteck, ein großes Laguiole-Messer mit Elfenbeingriff und eine zweizinkige Vorlegegabel sein. Die mittlere Größe solcher Prestigestücke betrug bei geschlossenem Messer ungefähr 30 Zentimeter. Es wurden nur

Großes Hochzeits-Laguiole von Calmels (Ende 19. Jahrhundert) mit floraler Mouche.

wenige nicht klappbare Vorlegebestecke hergestellt. Diese Messer wurden nach den Wünschen ihrer Auftraggeber angefertigt.

Der Wettlauf um die Größe

Als man begann, Laguioles zu dekorieren, folgten die Hochzeitmesser dieser Mode. Einige Aveyronnaiser Besitzer von Brasserien in der Hauptstadt wollten ihren Erfolg zeigen, das Ergebnis harter Arbeit und Geschäftssinn. Sie stürzten sich in einen Wettlauf um die Größe. Für diese ehemaligen Bougnats, die nun Besitzer renommierter Brasserien an der Bastille, auf den Champs-Élysées, am Montparnasse, am Odéon und im Senatsviertel geworden waren, bedeutete das Schenken eines Hochzeitsmessers, das größer als das war, das der Besitzer der benachbarten Brasserie verschenkt hatte, eine Demonstration ihres sozialen Aufstiegs. So erhielten die Schmiede in Laguiole zu Beginn des 20. Jahrhunderts Bestellungen für immer größere Messer, deren Länge 50 Zentimeter erreichte, bei eingeklappter Klinge!

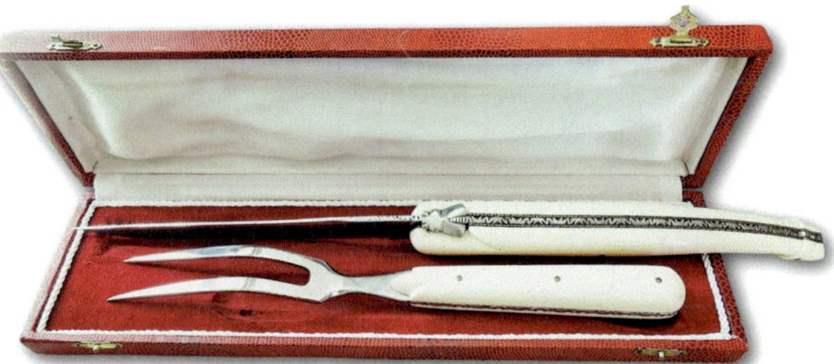

Kassette mit Vorlegebesteck und faltbarem Laguiole von Pierre Calmels (um 1950).

Kassette mit Vorlegebesteck und faltbarem Laguiole von Jules Calmels (um 1925).

Großes Hochzeits-Laguiole von Jules Calmels mit floraler Mouche und einer Guillochage aus unterschiedlichen Motiven (um 1900).

Großes Hochzeits-Laguiole von Joseph Pagès (Ende 19. Jahrhundert).

Großes Hochzeits-Laguiole von Jules Calmels (erste Hälfte 20. Jahrhundert).

Großes Hochzeits-Laguiole von Calmels (Ende 19. Jahrhundert).

Großes Hochzeits-Laguiole von Jules Calmels (um 1900).

Die entscheidende Rolle der Freundschaftsvereine

Bei den Treffen der Freundschaftsvereine, die die Landsleute aus demselben Herkunftsort gegründet hatten, wurden Größe der Messer und ihre raffinierten Schmuckelemente besprochen. Es gab in Paris fast so viele Aveyronnaiser Freundschaftsvereine, wie man Dörfer zählen konnte. Diese Freundschaftsvereine bildeten ein Kundenpotenzial, um das die Schmiede hart kämpften. Manche von ihnen fuhren selbst nach Paris, machten nebenbei eine Ausstellung oder schickten ihren Vorarbeiter, um die Bestellungen entgegenzunehmen, die vor den Weihnachtsfeiertagen ausgeliefert werden sollten.

Großes Hochzeits-Laguiole „Harlekin" von Joseph Pagès (Ende 19. Jahrhundert).

Großes Hochzeits-Laguiole von Pierre Calmels (um 1950).

Großes Hochzeits-Laguiole von Pierre Calmels (um 1960).

Großes Hochzeits-Laguiole von Calmels (Ende 19. Jahrhundert).

Mitte und unten: Großes Hochzeits-Laguiole von Joseph Pagès mit umgebördelten und verzierten Platinen (Ende 19. Jahrhundert).

Großes Hochzeits-Laguiole von Calmels (Ende 19. Jahrhundert). Der riesige Korkenzieher muss erst noch einen passenden Korken und Flaschenhals finden.

Die Nachfrage befriedigen durch Zulieferer

Rechte Seite: Die Durolle in Thiers. Ihr wildes Wasser trieb die Schleifmühlen und Gesenkschmieden an.

DIE UNFÄHIGKEIT ZUM TECHNISCHEN WANDEL

Mit dem wachsenden Erfolg der Laguiole-Messer Anfang der 1900er Jahre waren die Patrons der Werkstätten in Laguiole zunehmend überfordert. Sie sahen sich nicht in der Lage, die Aufträge, die nicht nur aus Paris, sondern auch aus Lyon, Marseille oder Toulouse eintrafen, abzuarbeiten. Diesem Andrang waren sie nicht gewachsen. Die handwerkliche Herstellung in Laguiole war nicht so organisiert, dass sie die wachsende Zahl der Messer produzieren konnte.

Kiepe eines in Heimarbeit tätigen Messermonteurs in den Bergen um Thiers. Oft brachte er seine Arbeit zu Fuß zurück durch die Berge.

In den Familien der in Heimarbeit tätigen Messermonteure wurden auch die Kinder zur Mitarbeit herangezogen.

Die Arbeiter der Messerwerkstätten in Laguiole waren nicht spezialisiert. Es handelte sich um echtes Handwerk. Jedes Atelier beherrschte alle Arbeitsschritte, die für die Herstellung eines Messers erforderlich waren: Schmieden, Bearbeitung der Teile, Montage, Guillochage. Dieses Arbeitsmodell kam zwar der Produktqualität zugute, war jedoch unökonomisch. Hinzu kam, dass das örtliche Angebot an qualifizierten Arbeitskräften begrenzt war, denn die Buronniers zogen es vor, nach Paris „hinaufzuziehen". Das Energieangebot zur Mechanisierung war knapp, und Kapital, um größere Projekte zu entwickeln, war nicht verfügbar. Man musste mehr produzieren, aber ein Bestand von nur 38 Arbeitern in den Betrieben und nicht vergrößerbare alte Werkstätten behinderten das. So suchten die Messerschmiede von Laguiole Unterstützung bei den Fabrikanten und Handwerksbetrieben in Thiers, um die wachsende Zahl der Bestellungen zu bewältigen.

DIE VORTEILE DER PRODUKTION IN THIERS

In Thiers, der Hauptstadt der französischen Schneidwarenherstellung im Departement Puy-de-Dôme in der Auvergne, hatte man schon vor Jahrhunderten verstanden, dass der Herstellungsprozess arbeitsteilig gestaltet sein muss, wenn man bei gleichbleibender Qualität mehr und schneller produzieren wollte. Thiers verfügte über alles, woran es in Laguiole mangelte: durch den Fluss Durolle über ausreichend Energie zum Antrieb der Schleifsteine für den Klingenschliff und eine in den Bergdörfchen um Thiers lebende bäuerliche Bevölkerung auf der Suche nach zu-

Einige Messerfabriken waren nur über schmale Fußgängerbrücken über die Durolle erreichbar. Ihre Maschinen wurden mit Wasserkraft angetrieben.

sätzlicher Arbeit in den Wintermonaten, die zudem in der Höhe der Bezahlung nicht anspruchsvoll war.

Die Arbeitsteilung

Arbeitsteilung in der Messerherstellung existierte hier seit dem 17. Jahrhundert. Jeder Arbeiter beherrschte nur einen Arbeitsvorgang. Manche waren Klingenschmiede in ihrer eigenen häuslichen Schmiede auf einem Hof in den Bergen. Andere schmiedeten Ressorts oder Backen, pressten Horn oder montierten Messer. Alles in Heimarbeit, so wie es auch in Solingen lange üblich war. Die Arbeit wurde ihnen von einem Unternehmer zugeteilt, der die Arbeit, die für die Produktion notwendigen Rohstoffe und die Fourniture (Bestandteile eines Messers) an die Heimarbeiter austeilte. Anschließend sammelte er die Ergebnisse ein oder ließ sie von seinem Vorarbeiter, dem sogenannten „chien de boutique“ (wörtlich „Ladenhund“), oder einem Kommissionär abholen.

Manche Bauern brachten die Wochenarbeit in einer Kiepe auf dem Rücken von ihren Bergen nach Thiers, in Holzschuhen und mit zwei Stöcken für sicheren Tritt. Der Vorteil der Arbeitsteilung lag in der Schnelligkeit jedes Arbeiters, der durch Wiederholung die Handgriffe perfekt beherrschte und einen schnellen Arbeitstakt erreichte. Diese Art der Arbeitsorganisation ermöglichte die Flexibilität im Produktionsrhythmus, um sich dem Eingang der Bestellungen anzupassen. Vor allem senkte sie die Produktionskosten der Messer, was sie äußerst wettbewerbsfähig machte.

GRANGE

Lochung von Messerteilen mit einer handbetriebenen Stanze (Thiers).

Härten der Messerklingen (Thiers).

Produktion mit der Kundenmarke

Ab 1868 begannen die Schmieden Poyet-Sivet und Roddier-Fauchery in Thiers mit der Produktion einfacher, rustikaler Laguioles. Zwischen 1875 und 1884 hatten sich die wichtigsten Laguiole-Hersteller in Thiers bereits etabliert: Sauzède-Angély, Besset-Jeune und Thérias 73. Neben den volkstümlichen Laguioles produzierten sie auch qualitativ anspruchsvollere Messer. Bald erweiterte sich die Liste der Laguiole-Hersteller in Thiers: 32 Dumas, Brossard-Daché, Saint-Joanis-Mondière und Rossignol.

In Thiers war man es gewohnt, „à la marque du client“ (mit dem Kundenlogo) zu produzieren. Der Kunde lieferte den Schmiedestempel seiner Marke zusammen mit einer Zeichnung des Modells oder einer Schablone des Messers aus Karton, Holz oder Eisen, das er von seinem Zulieferer in Thiers herstellen lassen wollte. Dieser produzierte dann die Messerserie mit der Marke des Kunden. Trotz oder wegen der auf viele Arbeiter verteilten Produktionsschritte hatte ein Laguiole aus Thiers einen unschlagbaren Herstellungspreis. Wie in Laguiole entstand es in Handarbeit. Ende der 1890er Jahre, mit dem Aufkommen von Fallhämmern und Gesenkschmieden in Thiers, verschwand jedoch nach und nach das Schmieden in Heimarbeit, und es blieb nur noch die Montage als rein manueller Arbeitsgang.

Die Vorteile eines Zuliefersystems

Alle Messerschmiede in Laguiole griffen aus den genannten Gründen auf Zulieferer in Thiers zurück, manche ab Ende des 19. Jahrhunderts, andere in den ersten Jahren des 20. Jahrhunderts. Die Laguiole-Messer wurden gemäß der gelieferten Muster angefertigt, die Klingen trugen die Marke eines Messerschmieds in Laguiole, und da die Messer von gleich guter Qualität waren, hatte niemand etwas dagegen einzuwenden. Der Endkunde zahlte denselben Preis wie für ein in Laguiole hergestelltes Messer, und der zum Händler gewordene Messerschmied hatte damit eine gute Gewinnspanne. Denn in der Zeit, die er für die

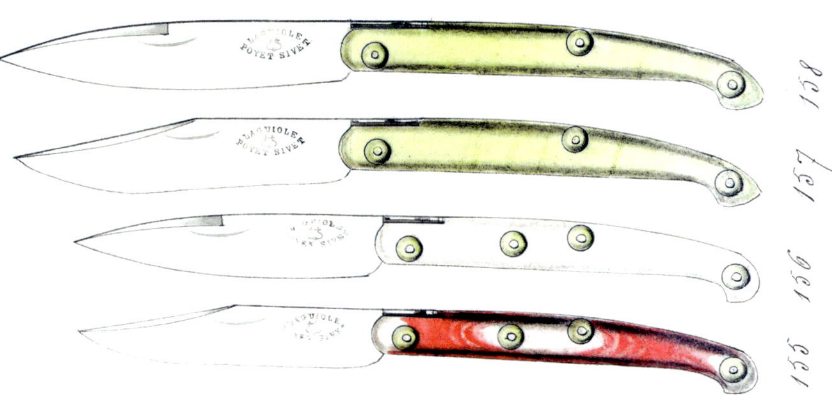

Einfache Laguioles in einem handkolorierten und -gezeichneten Katalog von Poyet-Sivet in Thiers (um 1870).

In den Fabriketagen wurde die Energie des Wassers über lederne Transmissionsriemen verteilt (Thiers).

Herstellung eines Laguioles aufwenden musste, hatte er drei davon verkauft, und schließlich trugen seine Messer weiterhin sein Markenlogo.

Um 1900 produzierten die Messerschmieden in der Rue du Valat in Laguiole weiter auf vollen Touren. Zusätzlich zu den aus Thiers gelieferten Laguioles wurden die eigenen hergestellt. Es fehlte nicht an Arbeit. Nach wie vor wurde in Handarbeit gefertigt, so wie man es im Dorf schon immer praktiziert hatte.

NEUERUNGEN BEI DEN LAGUIOLES AUS THIERS

Eine Mitre für das Laguiole

In Thiers begnügte man sich aber nicht damit, nur Zulieferer für die Messerschmiede in Laguiole zu sein. Die auvergnatischen Hersteller fügten dem Laguiole einige Neuerungen hinzu: Die erste Innovation waren massive, fest mit den Platinen verbundene Backen aus Eisen, die von Hand geschmiedet wurden. Es folgten an die Platinen genietete Mitres (Backen) aus Messing oder Eisen, die dank des technischen Fortschritts in der Mechanisierung gestanzt wurden. Sie hatten zum Ziel, die Messerenden zu schützen und stabiler zu machen. In Laguiole selbst hatte man es immer abgelehnt, Griffe mit gestanzten Mitres anzufertigen. Man war es weder gewohnt, noch hätte man es im größeren Maßstab ohne industrielle Maschinen realisieren können. In Laguiole bevorzugte man die traditionellen, massiven Griffe, die dem Messer mehr Anmut verliehen. Die Messerschmiede in Thiers hatten sich von ihren ersten Auftraggebern mittlerweile unabhängig gemacht und verkauften ihre Messer nun direkt an die französische Kundschaft.

Immer kostengünstiger

In Thiers wurde das Laguiole auch deshalb weiterentwickelt, um es durch Vereinfachung der Herstellung billiger zu machen. So erschienen in

Das Atelier des Herstellers Jean-Fradal, der die Marke „55 Sauzède-Angély“ führte (Thiers).

Eine Bestellung des Coutelliers Thibaud in Sévérac (Aveyron) bei dem Hersteller Annet Thérias in den Thiernoiser Bergen (1932).

Auftragsbuch von Annet Thérias (Thiers), aufgeschlagen auf Seite 13. Oktober 1911. Der Messerschmied Salettes in Espalion (Aveyron) bestellt bei ihm Laguioles mit seiner Marke.

den Jahren um 1900 bei den Laguioles sogenannte „Mitres coquilles“, auch „cacoles“ genannte Hohlbacken. Es waren einfache, kaltgeprägte Halbmuscheln aus Eisen oder Messing, die bei billigen Laguioles die massiven Mitres ersetzten. Das Messer schnitt gleich gut, denn man sparte nicht an der Klingenqualität oder Stahlhärtung. Der Griff hatte jedoch nicht dieselbe Qualität.

Mit Blick auf Einsparungen verwendeten die Hersteller auch den schwächeren, unteren Teil des Horns, der erhitzte und in Form für den Griff gepresst wurde. Dieser Vorgang hieß in Anlehnung an die lokale Umgangssprache „corne cachée“ – abgeleitet von dem okzitanischen Verb cachar (pressen). Um die Transparenz dieses Horns zu kaschieren, färbten die Messermonteure in den Bergen um Thiers die Innenseite der „cornes cachées“ mit einem aus Eisenoxyd und dem Sandsteinabrieb der Schleifsteine hergestellten Sud ein.

Aluminumgriffe

Aluminium zählte lange zu den teuersten Rohstoffen und diente zum Ende des 19. Jahrhunderts sogar der Schmuckherstellung. Seine Alltagstauglichkeit bewies es jedoch ebenfalls, als ab Juli 1920 in Thiers Laguiole-Griffe aus Aluminium gegossen wurden. Der Thiernoiser Messerschmied Doupeux-Bonhomme, Nachfolger von Roddier-Fauchery, ließ einen Gebrauchsmusterschutz eintragen, konnte von seiner Innovation jedoch nicht lange profitieren, denn er wurde bald von einem Berufskollegen kopiert: Besset-Jarrige stellte von 1930 bis 1960 Laguioles mit einem gegossenen Aluminiumgriff her, der in Jugendstilmanier facettiert und von nüchtern-eleganter Ästhetik war.

Die Messerschmiede in Laguiole waren jedoch die Väter dieser Innovation. Seit 1900 hatten sie verschiedene Versuche wie von Hand gestanzte Eisengriffe und im Gesenk geschmiedete Griffe aus Kupfer unternommen. Die Messerschmiede Pagès hatte diese Innovationen versucht, aber wegen fehlendem geeignetem Werkzeug nicht weiterverfolgt und die Produktion klassischer Griffe aus Elfenbein, Ebenholz, Knochen und Horn bevorzugt. Der Schmied Léon Glaize in Laguiole hatte schon vor Doupeux-Bonhomme ein Laguiole mit Korkenzieher und

Laguiole mit Aluminiumgriff von Genès David in den Bergen rund um Thiers (1960er Jahre).

Laguiole mit Aluminiumgriff von Besset-Jarrige mit geschweißter Mouche, Thiers (um 1930).

Doupeux-Bonhomme (Thiers) ließ 1910 ein Laguiole mit Aluminiumgriff und geschmiedeter Mouche schützen.

„Aveyronnais" genannte Laguiole-Messer. Eine Erfindung aus Thiers, die aus ökonomischen Gründen keine Mouche besaß.

Aluminiumgriff hergestellt, aber dieses Messer blieb ein Prototyp. Als man ihn für den Ersten Weltkrieg einzog, nahm er es mit in die Schützengräben, wo der Korkenzieher bei der Wachablösung sehr geschätzt war. Léon Glaize verlor einen Teil seiner Gesundheit auf dem Schlachtfeld und im Nahkampf.

Seinen Erfolg verdankte das Laguiole mit Aluminiumgriff seiner Widerstandsfähigkeit in feuchter Umgebung und seinem für die Zeit modernen Aussehen. Die Hersteller in Thiers machten es populär. Durch die Zulieferung nach Laguiole fand man bald auch in Thiers produzierte Laguioles mit Aluminiumgriff und der Prägung „Calmels à Laguiole". Zunächst hatte Calmels einige Exemplare mit Aluminiumgriff in der traditionellen Griffform bestellt, gab aber dann, dem Zeitgeist folgend, die in Thiers entwickelten Modelle mit modernerer Form in Auftrag.

**Das „Aveyronnais":
ein Laguiole ohne Mouche**

Die 1930er Jahre waren geprägt von der Suche nach weiteren Einsparungen, auch bei den Ressorts. Statt sie zu schmieden stanzten die Hersteller in Thiers die Federn aus und schweißten die Mouche mit elektrischem Lichtbogen an. Der Charme eines geschmiedeten Ressorts verschwand bei den billigeren Laguioles. Ein anderes von Thiers erfundenes Messer verzichtete der Ersparnis halber ganz auf die Mouche. Die Messermacher in Thiers nannten es „Aveyronnais". In Laguiole selbst wurde es nie produziert. Für die schönsten Messer opferte man dieses ästhetische Detail nie. Sowohl in Thiers wie in Laguiole wurde das klassische, geschmiedete Ressort des Laguioles mit seiner berühmten Mouche beibehalten.

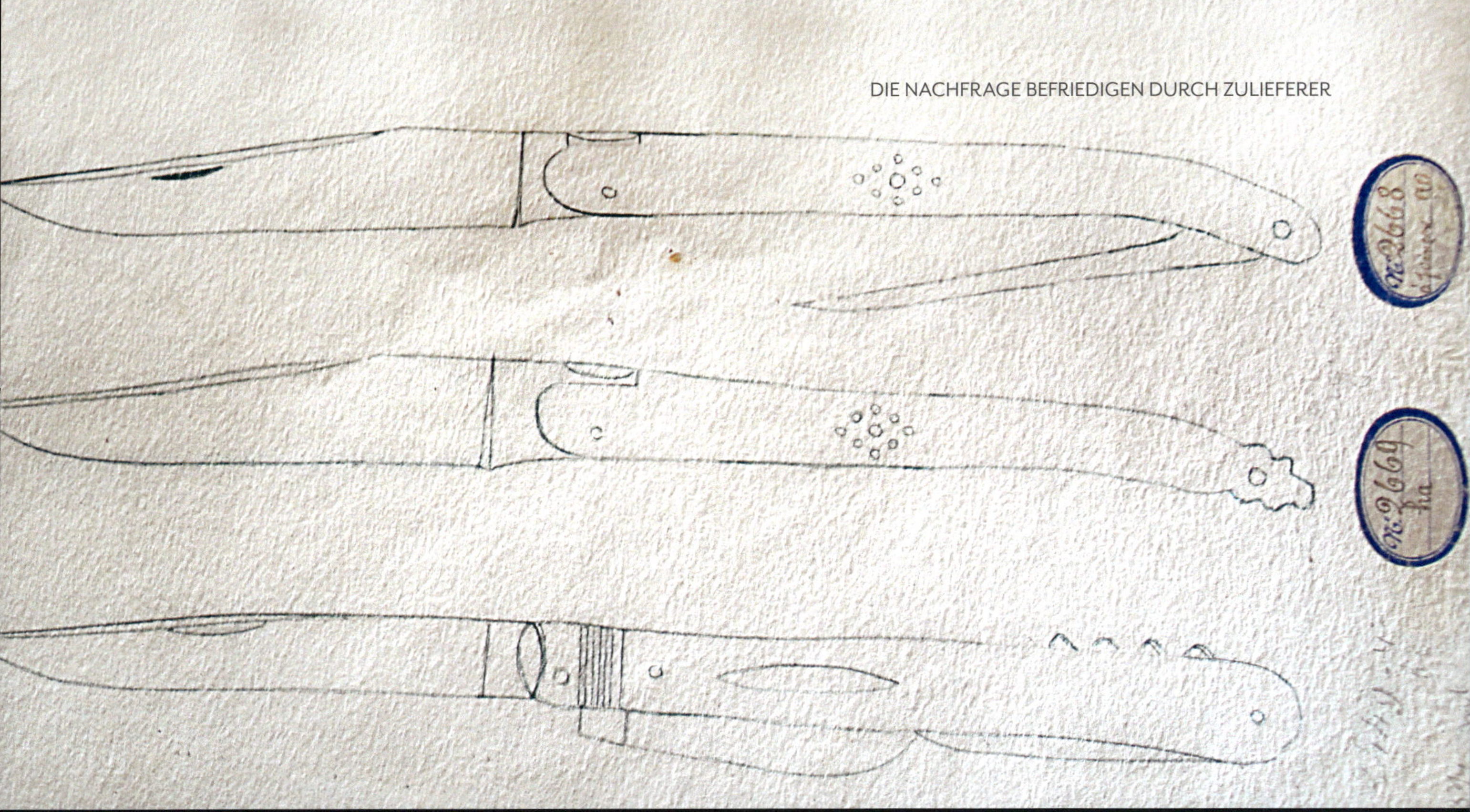

Die Händler aus Nogent und das Laguiole

Aus dem Musterbuch des Händlers Thirion in Nogent. Die Modelle der in Heimarbeit tätigen Messermacher wurden für spätere Bestellungen protokolliert (Ende des 19. Jahrhunderts).

Im Rahmen meiner Recherchen hatte ich kürzlich Zugang zu Privatarchiven von Händlern aus Nogent. Da ich keine verlässlich dokumentierten Quellen über den Beitrag von Nogent hatte, ließ ich dies bisher unerwähnt. Die Stadt Nogent, unweit der Champagne, war berühmt für die Feinheit ihrer Messerwaren. Der Schneidwarenhandel unterlag dort einem Monopol von Händlern, die die Messer bei selbstständig in Heimarbeit tätigen Messermachern bestellten.

Diese arbeiteten von A bis Z in Lohnarbeit, vom Schmieden der Klingen über Feilarbeiten, Montage und Formgebung bis zur Politur. Die Messermacher, die in Dörfern um Nogent herum lebten, legten dem Händler den Prototyp eines Messers vor, das sie gerne herstellen und über den Händler vermarkten wollten. Der Händler gab dem Prototyp eine Artikelnummer, übertrug die Zeichnung des Messermodells in ein großes Register und notierte Namen und Wohnort des Herstellers.

Die Durchsicht mehrerer sogenannter „Muster-Register" der Händler von Nogent bestätigte meine Vermutung: Auch in Nogent wurden einige Laguiole-Modelle gefertigt. Die in genauen Abmessungen gezeichneten Modelle bestätigen, dass nur Laguiole-Messer feinster Qualität mit Elfenbeingriffen aus Nogent geliefert wurden. Diese Lieferungen umfassten Laguioles Cran d'arrêt mit und ohne Ring, sowie feststehende Laguioles. Bei den vorgefundenen Modellen waren die Ricassos länger. Nach Art von Nogent verlief die Biseautage (die Rückenfase der Klinge) über den gesamten Klingenrücken bis zur Mitte des Ricasso.

Dank der Familie des Messerschmieds Glaize in Laguiole fand ich bei einem Händler in Nogent, Félix Thévenot, Kaufbelege der Schmiede Glaize über einen Betrag von 189 Francs aus dem Jahr 1884, sowie einen weitere seines Neffen, Félix Goret, aus dem Jahr 1920. Im Register des Händlers Thirion in Nogent entdeckte ich Musterzeichnungen von Laguioles. Der stark verwischte Vermerk unterhalb der Zeichnung benennt den Messermacher Didier Roblin, wohnhaft in dem Weiler La Perrière in der Gemeinde Nogent, gestorben im Alter von 60 Jahren, einem Monat und 20 Tagen, wie es der damalige Bürgermeister von Nogent 1891 errechnet hat. Als weiteren Messerhersteller habe ich Gendre notiert, der in Montigny Laguioles in Heimarbeit anfertigte.

Kopf von Napoléon III, Schnitzwerk, Elfenbein, 1920er Jahre.

Nicolas Crocombette (1863-1955).

Kopf einer unbekleideten Venus, Elfenbein.

Nicolas Crocombette, ein

Frauenkopf und florales Schnitzwerk, Elfenbein, 1920er Jahre.

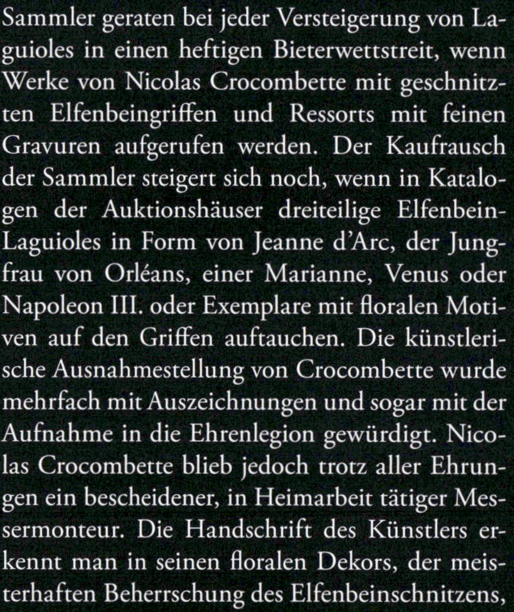

Sammler geraten bei jeder Versteigerung von Laguioles in einen heftigen Bieterwettstreit, wenn Werke von Nicolas Crocombette mit geschnitzten Elfenbeingriffen und Ressorts mit feinen Gravuren aufgerufen werden. Der Kaufrausch der Sammler steigert sich noch, wenn in Katalogen der Auktionshäuser dreiteilige Elfenbein-Laguioles in Form von Jeanne d'Arc, der Jungfrau von Orléans, einer Marianne, Venus oder Napoleon III. oder Exemplare mit floralen Motiven auf den Griffen auftauchen. Die künstlerische Ausnahmestellung von Crocombette wurde mehrfach mit Auszeichnungen und sogar mit der Aufnahme in die Ehrenlegion gewürdigt. Nicolas Crocombette blieb jedoch trotz aller Ehrungen ein bescheidener, in Heimarbeit tätiger Messermonteur. Die Handschrift des Künstlers erkennt man in seinen floralen Dekors, der meisterhaften Beherrschung des Elfenbeinschnitzens, mit der er die Köpfe berühmter Vertreter der französischen Literatur, der Mythologie (Venus) oder figürliche Personen darstellt, sowie an den feinen Gravuren von Eichenlaubmotiven auf den Ressorts.

Nicolas Crocombette wurde am 2. April 1863 in dem Weiler Pigerolles geboren, eine Fußstunde vom Zentrum von Thiers entfernt. Auf Seiten seiner Mutter, Marie Bouchet, war man schon seit langer Zeit Messermacher. François Crocombette, in Saint-Rémy geboren und Vater von Nicolas, arbeitete zusammen mit seiner Frau als Monteur. Schon der Volksschullehrer bemerkte die Talente des kleinen Nicolas und beabsichtigte, das Kind aus seiner ländlichen Umgebung herauszuholen, um eine höhere Bildung zu ermöglichen. Nicolas hätte auch einen guten Notarsgehilfen abgegeben. Aber 1879 verstarb sein Vater im Alter von 52 Jahren, und der junge Ni-

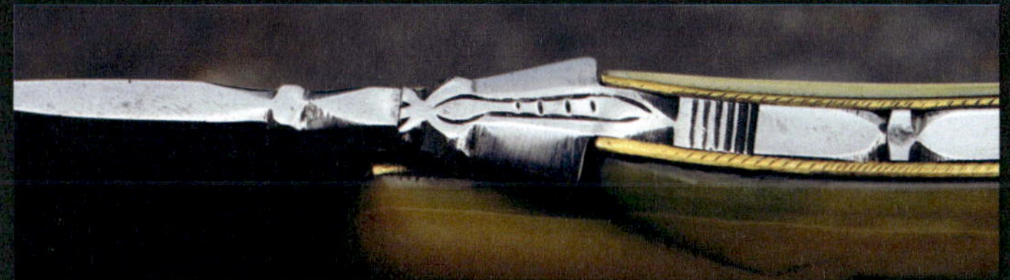

Mouche in Form einer stilisierten Biene, 1930er Jahre.

Gravur auf einem Dorn, 1930er Jahre.

Geometrische Mouche und Eichenblattgravur, 1920er Jahre.

wahrer Laguiole-Künstler

Griff mit dreiblättrigem Laub, Elfenbein.

colas wurde mit erst 17 Jahren für die Familie verantwortlich. Eine Ausbildung fortzuführen kam nicht in Frage. Er nahm die Position seines Vaters ein, der ihm alles beigebracht hatte und wurde bei seiner Mutter Messermonteur in Heimarbeit. Seine vom Vater ererbte Fähigkeit, mehrteilige Messer zusammenzubauen, führte zwangsläufig dazu, dass er mit anspruchsvollen Patrons zusammenarbeitete. Der Fabrikant Dumas Ainé, der für sorgfältig verarbeitete Taschenmesser bekannt war, war sein erster Patron. Auch für die Messerschmieden Saint-Joanis und Estival arbeitete Nicolas.

Jeder Monteur war spezialisiert. Unter ihnen zählten die Monteure von Klappmessern zum Adel. Darüber hinaus gab es eine Abstufung unter den Monteuren: solche für einteilige Messer (nur eine Klinge), für zweiteilige (Klinge plus Ahle oder Korkenzieher) und an der Spitze jene für drei- oder noch mehrteiligere Messer. Ein Bauernschmied schmiedete die Klingen und beherrschte keinen der anderen Vorgänge, weder Schliff noch Montage. Der Monteur schmiedete nicht, dazu war er nicht fähig. Er konnte seine Bohrer herstellen und härten, war aber nicht in der Lage, andere Etappen der Messerherstellung auszuführen. Wenn manche Leute von einem Messer von Nicolas Crocombette sprechen, stellen sie sich zu Unrecht vor, er habe das ganze Messer realisiert. Wie alle anderen Messermonteure holte Nicolas Crocombette die Bestandteile und Aufträge montags und donnerstags bei seinen Auftraggebern ab.

In Thiers durchlief ein Taschenmesser mehrere Stationen: die Klingenschmiede, meist Bauern aus dem Gebirge, Ressort- und Platinen- so-

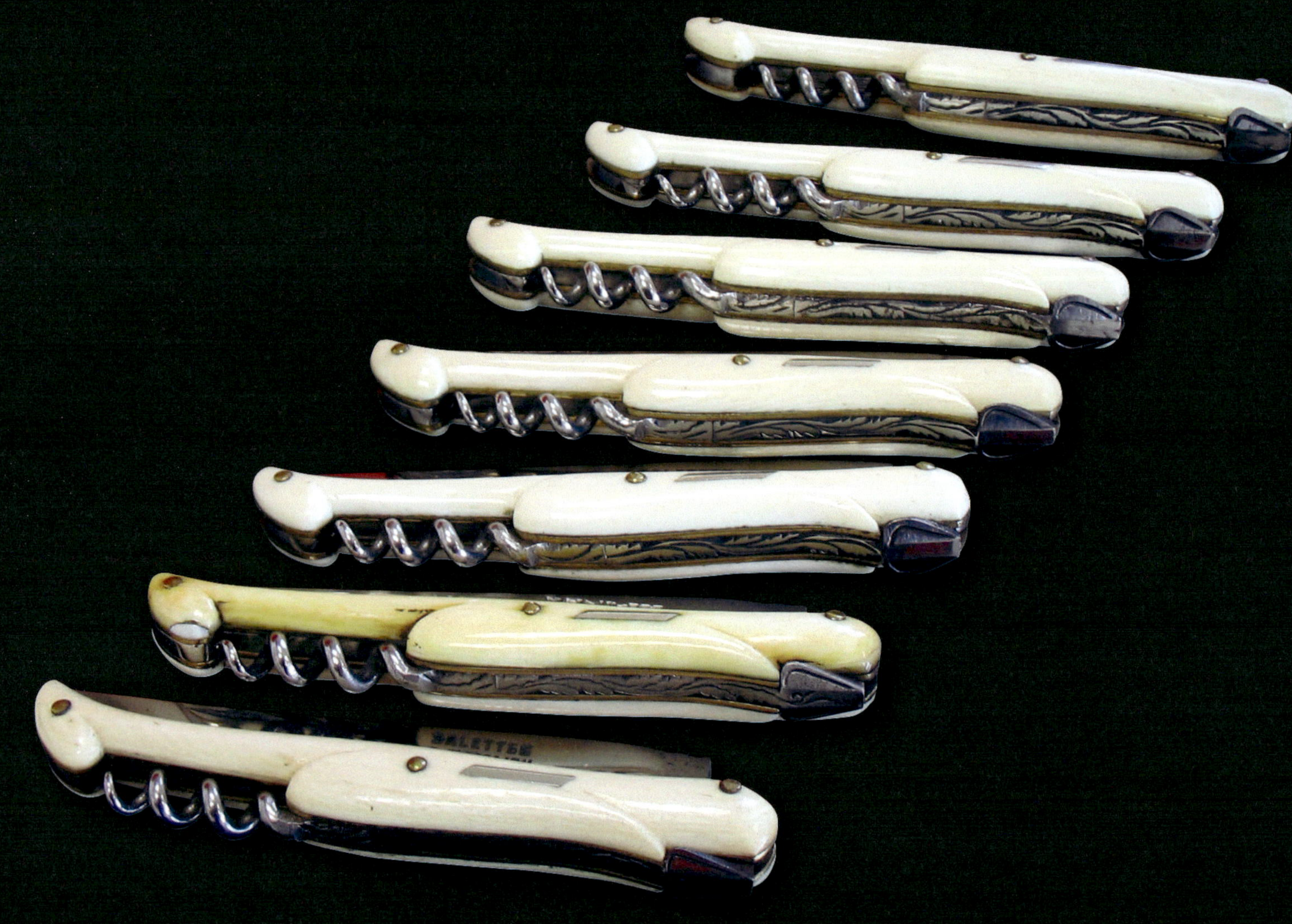

Nicolas Crocombette montierte auch Serien klassischer dreiteiliger Laguioles, die er auf Mouche und Ressort verzierte.

wie Mitreschmiede, die Schleifer, die die Klingen in Grundform brachten, die „cacheurs", ebenfalls Bewohner der Berge, die Horn für die Griffe in Formen pressten und dem Fabrikanten anlieferten. Alle Einzelteile und Rohstoffe wurden im Lager des Fabrikanten gesammelt, der die Verteilung der Arbeit organisierte und den Messermonteuren in den naheliegenden Bergen anvertraute.

Die winterliche Heimarbeit wurde als Zugabe empfunden, um den Tabak zu bezahlen und um einige besondere Ausgaben zu ermöglichen, die die mageren Einkünfte des Bauernhofes nicht erwirtschaften konnten. Wurde man in eine Monteurfamilie hineingeboren, nahm der Vater das Kind, sobald es einen kleinen Hammer halten konnte, unter seine Fittiche und begann, ihm die Grundlagen des Berufs beizubringen. Die Kinder der Monteure absolvierten nur die Pflichtschulzeit. Nach den Hausaufgaben schwangen sie im Schein der „chaleilh" (Öllampe) die „brugière" (Polierscheibe aus Filz), um die Messer, die der Vater gerade fertigmontiert hatte, zu wienern.

Die Monteure erhielten die Teile im Zustand „brut de forge" (unbearbeitet). Man war noch weit entfernt von der Präzision, die später Gesenkschmieden und mechanische Stanzen ermöglichten. Da alle Teile handgeschmiedet waren, besaß nicht eines davon genaue Maße. Die Kunst des Monteurs bestand deshalb darin, in geduldiger Arbeit mit der Feile das Ganze zum Funktionieren zu bringen und zunächst zusammenzufügen. Und zwar jedes Einzelteil: Klinge, Korkenzieher, Ahle. Danch wurde alles nochmals demontiert, um mit der Feile den Klingengang einzustellen und danach alles zusammenzubauen.

Nicolas Crocombette verbrachte die ersten 15 Jahre als Monteur damit, mit größter Sorgfalt komplexe, feine Messer zu bauen. Zu dieser Zeit dachte man noch nicht daran, sie zu dekorieren. Im Lauf der Jahre hatte er sich bereits zu einem der besten Monteure vor Ort entwickelt. Wenn ihm die Arbeit ein wenig Freizeit ließ, fand Nicolas Vergnügen daran, historische oder religiöse Szenen nachzumalen, die er aus alten Zeitschriften ausgeschnitten hatte. Zudem begann er, die Holzrahmen seiner Bilder mit Schnitzwerk zu verzieren.

Eines schönen Tages im Jahres 1895 glitt ein Schatten am Werkstattfenster vorbei, die Tür öffnete sich. Es war Monsieur Chotton-Rossignol, einer der Patrons in Thiers. Normalerweise brachten die Arbeiter ihre Arbeit zu ihm. Doch jetzt hatte er sich auf den Weg begeben.

„Ah, Monsieur Crocombette, man hat mir im Dörfchen erzählt, dass Sie ein wenig Künstler sind, zeigen Sie mir doch einmal…

Wissen Sie, Monsieur Chotton, ich mach' das nur für mich selbst, aber kommen Sie doch rein…

Genau, mein Lieber, ich suche seit ein oder zwei Monaten einen Monteur, der genug Erfahrung hat, um mir einige geschnitzte Griffe nach meinem Geschmack herzustellen. Ich sehe hier einen Bilderrahmen, der mich überzeugt. Schnitzen Sie mir doch dieselben Blumenmotive auf einen Elfenbeingriff, und ich wäre der glücklichste Patron."

So begann Nicolas Crocombette im Alter von 32 Jahren, seiner Arbeit als Monteur eine künstlerische Seite zu geben. Die Werkzeuge zum Gravieren von Eisen und zum Elfenbeinschnitzen musste er sich selbst herstellen.

Im Jahr 1904 hatte sich Claude Besset-Jarrige, der Qualitäts- Laguioles herstellte, um einen Stand auf der internationalen Messe von Saint-Etienne beworben und suchte nach einem

Die Schnitzerei des Gesichts dieser Jeanne d'Arc aus den 1920er Jahren zeigt teilweise weiche Züge.

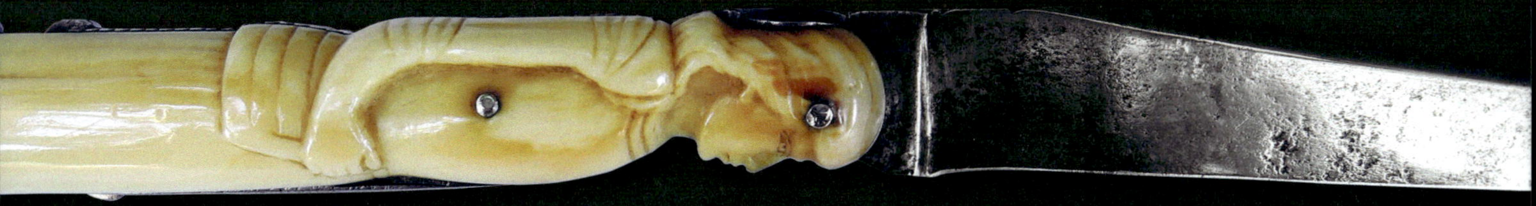

Das Ressort dieser Jeanne d'Arc in Ritterrüstung ist filigran graviert (1920er Jahre).

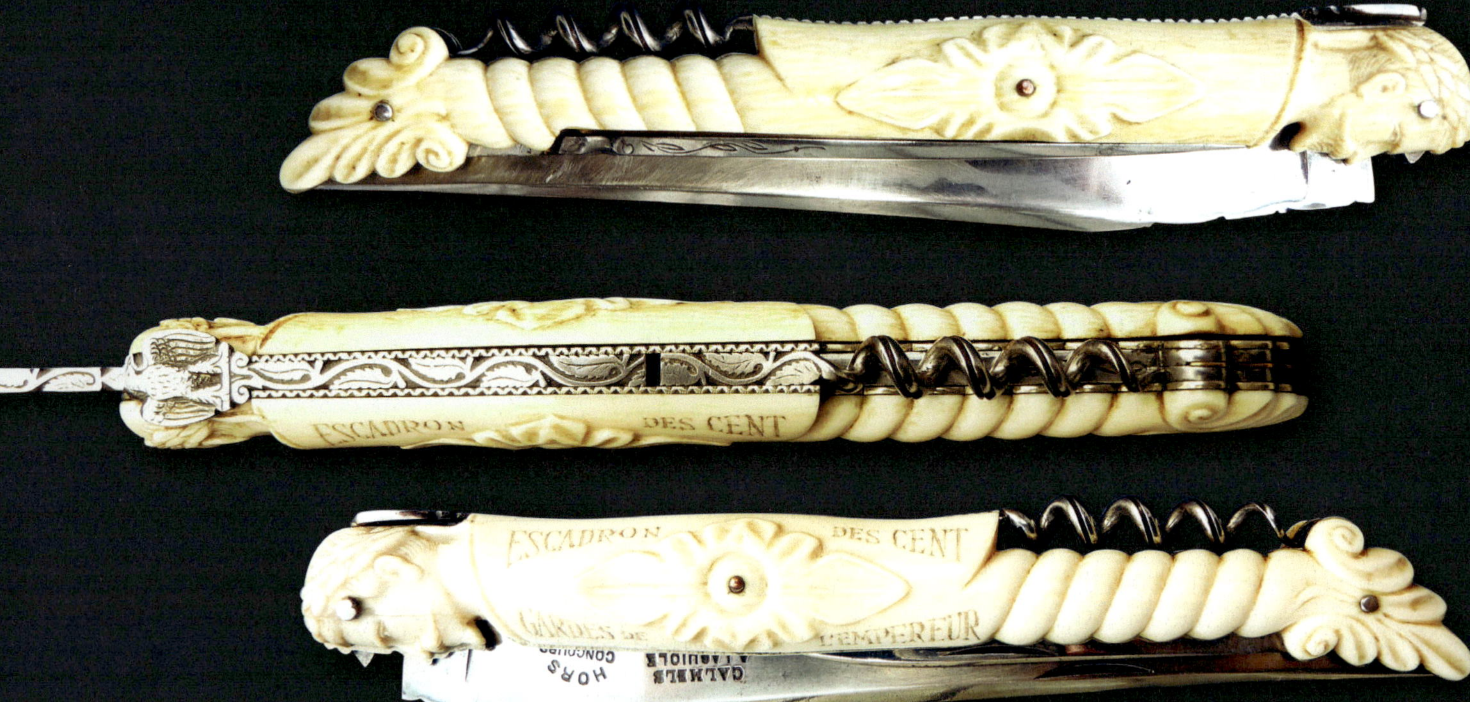

Sonderbestellung eines Napoléon III für einen Verehrer des Zweiten Kaiserreichs. Der Griff trägt die Widmung „Escadron des cent gardes de l'Empereur" (1920er Jahre). Calmels war der Auftraggeber, seine Marke befindet sich auf der Messerklinge.

Weg, um Aufmerksamkeit auf seine Produkte zu lenken. Crocombette wurde um zwei kunstvolle Ausstellungs-Laguioles gebeten. Beide Messer wurden graviert, ziseliert und ihr Elfenbein mit feingliedrig geschnitzten Motiven versehen. Die Jury verlieh ihnen die Médaille d'Honneur Argent (Silberne Ehrenmedaille). Im Alter von 41 Jahren erfuhr Nicolas Crocombette so eine Bestätigung seines Talents.

An seinen Arbeitsbedingungen änderte diese erste Auszeichnung nichts, er blieb Arbeiter. Für die Montage eines Dreiteilers erhielt er drei Francs, für ein geschnitztes Messer neun Francs. Nichts womit man reich werden konnte. Calmels und Pagès aus Laguiole wandten sich wegen „couteaux à figure" (Messer mit über den gesamten Griff geschnitzter Menschengestalt) an ihre Hersteller in Thiers, mit denen sie bereits in Kontakt standen. Nicolas Crocombette erhielt die geschmiedeten Teile, schnitzte das Elfenbein, gravierte das Ressort und montierte alles. Solche mit „Calmels" oder „Pagès" geprägten Messer

Eine feine Gravur von Eichenblättern überzieht Ressort, Mouche und Klingenrücken dieses Messers (1920er Jahre).

Calmels bestellte dieses Messer in Thiers für den Weiterverkauf. Seine Marke befindet sich auf der Klinge. Crocombette bezog seine Inspiration für dieses elegante florale Schnitzwerk auf dem Griff aus der Natur (1920er Jahre).

Großes Laguiole mit Frauenkopf und floralem Dekor (1920er Jahre).

wurden dann vom Fabrikanten nach Laguiole geschickt, um dort von ihren Auftraggebern verkauft zu werden. Nicolas Crocombette arbeitete für Besset, Sauzède-Angély und Thérias, ohne die Aufträge von weiteren Fabrikanten zu vernachlässigen. In den 1920er Jahren schnitzte Nicolas etwa 30 Exemplare.

Nicolas Crocombette erhielt mehrfach Ehrungen von seinen Standesgenossen. 1899, im Alter von 36 Jahren, präsentierte er beim Concours de l'artisanat (Handwerkswettbewerb) zwei Messer mit geschnitztem Elfenbeingriff. Er erzielte den ersten Platz, Hors Concours, Diplôme d'Honneur (Außer Wettbewerb, Ehrendiplom). 1934, mit 71 Jahren, erhielt er eine weitere Ehrenmedaille für seine Arbeit bei Besset-Jarrige. Im selben Jahr öffnete eine Berufsschule für Messermacher in Thiers, die „École nationale professionnelle". Man bat ihn, ein Geschenk für den Präsidenten der Republik, Albert Lebrun, anzufertigen, der zur Einweihung der Schule kommen würde. Annet Thérias wurde von der Chambre de Commerce (Handelskammer) und der Chambre des Fabricants (Herstellerkammer) mit dem Projekt beauftragt: der Anfertigung eines großen Vitrinenmessers, einer Marianne mit dem Wappen der Republik.

Das Schmieden von Klinge und Ressort vertraute er Barge an, das Schnitzen des Griffs, das Ziselieren und Gravieren Crocombette. Nach

Laguiole in Menschengestalt. Eine Frau mit leichter Bekleidung, die Formen des Körpers sind sichtbar. Erstaunliche Details für einen bekennenden Katholiken, der auch Themen aus dem christlichen Bilderkreis schnitzte (1920er Jahre).

seiner Ankunft um 9.10 Uhr begab sich der Präsident zur Schule, besichtigte die Räume mit Minister Laval und bat darum, ihm den Künstler vorzustellen, der solch ein schönes Messer hergestellt habe. Crocombette trat vor und zog aus seiner Tasche einen wertvollen Satinbeutel, dem er die exakte Nachbildung des Vitrinenmessers als zwölf Zentimeter großes Taschenmesser entnahm. „Das ist für jeden Tag, Monsieur le Président" erklärte der Handwerker voller Respekt.

Obwohl schon betagt, führte Crocombette weiterhin Aufträge aus. Als er an einem Herbsttag mit Feilarbeiten beschäftigt war, bemerkte Nicolas eine Menschengruppe, die im Gänsemarsch auf ihn zukam. Er erkannte den Bürgermeister, einige Stadträte und einen Journalisten der örtlichen Presse. Sicher musste was in der Gegend passiert sein, vielleicht ein Unfall? Nein, er hatte nichts Unnormales bemerkt.

Stattdessen wurde ihm eröffnet: „Lieber Monsieur Crocombette, der Präsident macht Sie zum Chevalier de la Légion d'honneur (Ritter der Ehrenlegion)". Nach 79 Jahren im Dienst der Messermacherkunst und im Alter von 89 Jahren ehrte ihn nun die Republik. Nicolas Crocombette, Monteur in Heimarbeit und einer der großen Künstler der Messerwelt, starb im Alter von 92 Jahren am 21. April 1955. Vier Monate vor seinem Ableben arbeitete er noch in seiner kleinen Werkstatt.

Schwere Zeiten für Laguiole

Laguiole von Annet Thérias aus Membrun bei Thiers (um 1950). Die Marke des Wiederverkäufers ist „Valette à Villefranche-de-Rouergue“ (Aveyron).

Im Krieg 1914-18 kamen viele Messermacher von Laguiole an die Front. Mehrere starben auf dem „Feld der Ehre“: Germain Doly bei den Kämpfen um Beaumont am 17. August 1914, Auguste Rigal am 2. Juli 1915 bei den Kämpfen um la Frurie, Casimir Cure im Feldlazarett bei den Kämpfen um die Ferme de Berthouval am 28. Juli 1915, und Célestin Cayla beim Kampf um Birchesin am 16. Juli 1916.

4 9cm lag aile de pigeon;guilloché, Ivoire 15250 61000
I 9cm - 2pièces,T-B,guilloché,manche Ivoire 16650 16650
I 10cm - 3pièces,guilloché,pl manche Ivoire 18550 18550
I/2 12cm - - - - - - 20280 10140
I/2 13cm - - - - - - 21320 10660
I 10cm - 2mitres,3pièces,guilloché, - 17170 17170
2 11cm - - - - - 17610 35220
2 12cm - - - - - 18300 36600
I 13cm - - - - - 18750 18750
224740

PAYE

T.V.A. 25% = Fr 56.185

Payable par Chèque Bancaire

Rechnung des Fabrikanten Jean Fradal in Thiers von 1954 („55 Sauzède-Angély“) an seinen berühmtesten Kunden in Laguiole. Die Lieferung umfasste 13 Dutzend Laguioles unterschiedlicher Typen und Größen mit der Marke des Kunden.

LANGSAMER NIEDERGANG

Durch Kontakte mit anderen Soldaten in den Schützengräben erfuhren die Messermacher aus Laguiole, dass in der Hauptstadt deutlich bessere Löhne gezahlt wurden. Am Ende des Kriegs bildete sich in Laguiole keine neue Arbeiterschaft mehr.

In den 1920er Jahren beschäftigte Jules Calmels noch einen oder zwei Arbeiter. Als 1916 Henri Pagès starb, dann 1917 sein Vater Joseph Pagès, stellte Émile Séguis, der Schwiegersohn von Joseph Pagès, noch einige Messer selbst her und ließ ansonsten in Thiers produzieren. Die Schmiede Pagès wurde bis 1950 von Madame Roquette, verwitwete Pagès, weitergeführt. Die Schmiede Cure-Cadet schloss 1950 ebenfalls.

Es blieb nur noch Léon Glaize, genannt „Glaizou“, der als einziger in der Rue du Valat noch ein paar Klingen schmiedete, dort, wo das Laguiole einst geboren wurde. Als er aus gesundheitlichen Gründen Ende 1950 seine Lederschürze zum letzten Mal an die Garderobe hing, sollte in der Rue du Valat niemals mehr der Klang eines Schmiedehammers auf dem Amboss erklingen. Es war das Ende einer Epoche.

Pierre Calmels blieb der einzige Messermacher in Laguiole, der noch einige schöne Mes-

Werkshalle von Genès David, einem der Hauptlieferanten von Laguioles aus Thiers in der Nachkriegszeit.

Gesenkschmiede der „Forges Tarrérias". Sie diente den Herstellern in Thiers zur Produktion von Messerteilen. Die Firma existiert nicht mehr.

Das nach der Herstellung der Bauteile verbliebene Restmetall wird „chatille“ genannt.

Linke Seite: Ausstanzen der Platinen für Laguiole-Messer bei Genès David.

Alte Werkzeuge von „55 Sauzède-Angély“, die Guy Fayet von Jean Fradal kaufte. Er war der letzte Betriebsleiter dieser Firma in Thiers.

Visitenkarte von Sauzède-Berthon, einem der drei wichtigsten Laguiole-Hersteller in Thiers zwischen den beiden Weltkriegen.

ser selbst herstellte. Er ergänzte seine Produktion mit dem Verkauf von Laguioles, die er in Thiers unter seiner Marke herstellen ließ. 1992 verstarb er. Seine Töchter führten die Geschäfte in der Coutellerie Calmels in der Allée de l'Amicale weiter – dort, wo heute die meisten Messermacher von Laguiole ein Geschäft haben. Im Jahr 1938 eröffnete Léopold Glandières sein bis heute bestehendes Geschäft.

Pierre Sauzède-Berthon (1883-1960), Nachfolger seines Vaters Genès Sauzède-Angély.

20 Jahre eines schwierigen Umbruchs

1950 bis 1970 waren die schwierigsten Jahre für das Laguiole. Frankreich hatte in der Nachkriegszeit tiefgreifende Veränderungen erfahren. Der Ackerbau veränderte sich, Traktoren ersetzten die Ochsengespanne für die Feldarbeit. Der Anteil der in der Landwirtschaft beschäftigten Bevölkerung fiel schnell, sie wurden durch Maschinen ersetzt. Die Zahl der Sennhütten (Burons) zur Produktion des Laguiole-Käses fiel in 20 Jahren von 180 auf ungefähr 30. Der Algerienkrieg (1954-1962) verminderte deren Zahl weiter, so dass nur noch wenige Burons übrigblieben. Die Aubrac-Rinderrasse wurde von einer Milchrasse zur Fleischrasse, weil die Züchter die Milchleistung nicht mehr zu den wichtigen Zuchtkriterien zählten. Das Bauern-Laguiole verlor damit einen großen Teil seiner Kundschaft und stand zunehmend in Konkurrenz zu seinem Rivalen aus Savoyen: dem einfachen und sehr preiswerten Opinel.

Schnittplan der Fabrik Besset-Jarrige in Thiers. Sie wurde für die Gesenkhämmer auf Felsuntergrund errichtet. In den Jahren 1920 bis 1960 war sie der wichtigste Laguiole-Hersteller in Thiers.

Zweiteiliges Laguiole mit Dorn, hergestellt von Sauzède-Angély in Thiers mit der Marke des Couteliers Thibaud in Sévérac (Aveyron).

Thiers als unerlässlicher Hersteller

In diesen schwierigen Zeiten lieferte Thiers die meisten Laguioles an eine ursprünglich ländliche Kundschaft, die in der Zwischenzeit zu Stadtbewohnern geworden war und Messer auch als ein Erinnerungsstück an ihre Herkunftsregion kaufte. Trotz der schlechten Konjunktur glaubten die Hersteller in Thiers weiter an das Laguiole: Thérias 73, Sauzède-Angély (aufgekauft von Jean Fradal, danach von Guy Fayet, 74 Saint-Joanis-Mondière, dem Michel Saint-Joanis nachfolgte), Rossignol, Barnerias, Besset (aufgekauft von Rousselon 32 Dumas). In den 1950er und 1960er Jahren kamen David l'Arbalète und Claude Dozorme hinzu.

Prägestempel für die Klingen der Marke Besset-Jeune und die veränderte Version von Guy Fayet nach dem Kauf durch Jean Bruchon.

Eine Seite aus dem Katalog von Barnérias, einem der Laguiole-Hersteller in Thiers in der Nachkriegszeit.

Das Wiederaufleben des Laguiole

Ab 1973 verspürte man ein neues Interesse am Laguiole. Nachdem die französische Gesellschaft eine Entländlichung ihrer Wirtschaft erlebt hatte, erfuhr sie ab Mai 1968 auch eine Infragestellung ihrer kulturellen Werte. Das Nachdenken über ein Zurück zur Natur brachte das Laguiole neu ins Blickfeld. Mit einem Konflikt um die Erweiterung eines Militärübungsgeländes tauchten neue Vorbilder auf, die Ökologie und Rückkehr zur Natur verkörperten. Das Laguiole hielt sich als lokale Ikone aus dieser heiklen Diskussion heraus und wandelte sich zum Symbol einer neuen Strömung. Es entwickelte sich zum Emblem der Ökologie, der Natur und vergessener Werte des menschlichen Zusammenlebens, einer Rückkehr zu den Wurzeln.

Das Dorf Laguiole (Höhe 1034 m).

Das Geschäft der Coutellerie Calmels in Laguiole, eine Erinnerung an mehrere Generationen herausragender Messerschmiede.

DIE RÜCKKEHR DES LAGUIOLE

Léopold Glandières, Messerhändler in Laguiole, hatte die Idee zu investieren. Er wollte seinen Freund und Lieferanten Guy Fayet aus Thiers dazu bewegen, in Laguiole eine kleine Fabrik zu errichten und die Herstellung von Laguiole-Messern dort wiederzubeleben. Die schwache Gesundheit von Guy Fayet verhinderte jedoch die Realisierung dieser Pläne.

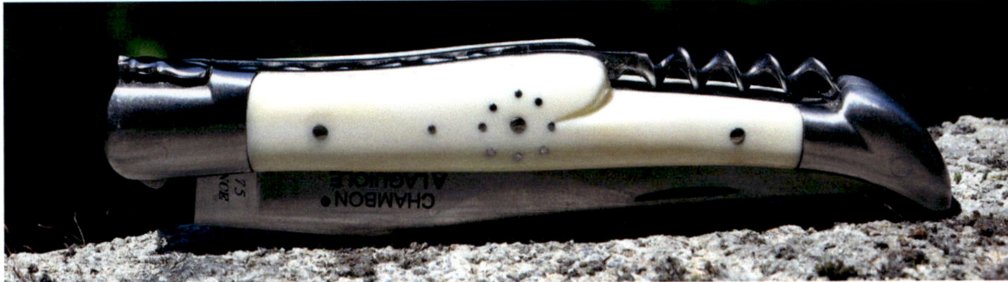

Zweiteiliges Laguiole mit Korkenzieher von Michel Chambon in Laguiole.

„Le taureau de Laguiole" (Der Stier von Laguiole). Ein Werk des Bildhauers Guyot, das die Place du Foirail ziert. Seine beeindruckende Statur begrüßt die Besucher.

Guyot

Gegenüberliegende Seite: Die Messermanufaktur Forge de Laguiole, ein Entwurf von Philippe Starck mit innovativem Design.

Formgebung eines Sommelier-Griffs bei Laguiole en Aubrac in Espalion.

Michel Chambon, einer der ersten Messermacher während der Wiederbelebungsphase in Laguiole.

Gravur einer Mouche bei der Coutellerie Brun in Laguiole.

Eine Periode des Nachdenkens und der Ausbildung

Erst 1984 konkretisierten sich die Überlegungen für eine Rückkehr der Produktion von Laguiole-Messern an ihren Geburtsort. Abgeordnete und der Gemeindeverband des Aubrac stimmten einem Konjunkturprogramm zu, das von Pierre Malet aus Laguiole und Christian Moulin, einem ehemaligen Vertreter der DATAR (Organisation der Raumordnungsplanung), getragen wurde. Eine Studie wurde in Auftrag gegeben, um die Voraussetzungen für die Herstellung von Laguiole-Messern zu ermitteln. Das Ziel: die Produktion wiederzubeleben.

Auf eine Ausschreibung der Handwerkskammer des Aveyron und des Gemeindeverbands des Aubrac erklärten sich fünf junge Freiwillige bereit, sich für den Beruf des Messermachers in einem Unternehmen für handwerkliche Messerherstellung in Laguiole ausbilden zu lassen: Raymond Bors, Michel Chambon, Gérald Couderc, Jean Dumas und Patrick Fraysse.

Laguiole des „coutelier d'art" Stéphane Rambaud in der Forge de Laguiole.

FORGE DE
LAGUIOLE

Oben und unten: Herstellung der Mitres in Montézic (Aveyron).

Mitte: Ressorts mit gestanzter Mouche in Montézic, bei Laguiole en Aubrac.

Diese fünf jungen Leute wurden nach Nogent in die Lehre als „Hersteller von Schneidwerkzeugen" geschickt. Dominique Biondi und Michel Perret, die später hinzukamen, gingen für ihre Lehre zu Charles Couttier, Messermachermeister in Paslières bei Thiers, und zu Sablonières, einem Monteur in Heimarbeit in Escoutoux.

Eine neue Ära für das Laguiole

Im November 1985 wurde die erste Messerwerkstatt moderner Zeit mit großem Prunk und der Beteiligung von Amtsträgern, Abgeordneten und der Bevölkerung eingeweiht. Eine neue Ära des Laguioles war auf den Weg gebracht. Das von den Heimkehrern aus Nogent gegründete junge Unternehmen unter Führung von Michel Chambon firmierte als „Le Couteau de Laguiole" und wählte als Markenzeichen den Stier, in Anlehnung an das Werk des Bildhauers Guyot, das mit seiner großen Statue auf der Place du Foirail die Besucher begrüßt. Michel Chambon, einer der Köpfe der Erneuerung, ist weiterhin als selbst-

ständiger Messerschmied in Soulages-Bonneval, einem Dorf in der Nähe von Laguiole, aktiv. Auch die Coutellerie „Le Couteau de Laguiole" existiert weiterhin.

EINE NEUE MANUFAKTUR, ENTSTANDEN AUS EINEM ZUFALL

Im Jahr 1987 setzte eine Gruppe Aveyronnaiser Investoren um Gérard Boissins, dem Beauftragten für die Regionalentwicklung in der Handwerkskammer des Aveyron, erfolgreich ein Projekt von besonderer Bedeutung um: In Thiers befand sich ein Hersteller von gestanzten und geschmiedeten Klingen und Ressorts für Laguiole-Messer in finanziellen Schwierigkeiten. Durch Abfindung der Kreditgeber in Thiers unterstützte das Département Aveyron den Kauf des Unternehmens, was den Umzug des Maschinenparks nach Laguiole möglich machte. Ein echtes Technologiegeschenk, denn der Maschinenpark umfasste Fallhämmer, Stanzen und andere Maschi-

Oben : Verschweißen von Mitre und Platine per Induktion bei Laguiole en Aubrac in Montézic.

Darunter: Platinen für Laguioles „plein-manche" (mit vollem Griff), fertig für den Monteur.

Ein Messer von Brun à Laguiole, Griff aus dem Holz eines Zaunpfahls im Aubrac.

Ein weiteres Stück von Brun à Laguiole, Klinge Damast, Griff Texalium.

Laguiole von Jérôme Lamic, Damast von Michel Frayssou.

Ein Exemplar von Laguiole en Aubrac, gefertigt von Pierre Martin mit im Werk in Montézic geschmiedeter Damastklinge.

Ein Messer von Laguiole Village in Espalion, Damastklinge von Didier Lang.

Modell von Laguiole en Aubrac in Espalion, geschaffen von Pierre Martin.

Variationen von Mouches auf Laguiole-Messern mit unterschiedlichen Gravuren und Guillochen von Laguiole en Aubrac in Espalion.

Ein großes, detailliert ausgearbeitetes Insekt als Mouche. Coutellerie Laguiole Village in Espalion.

nen, die den sofortigen Start einer Laguiole-Messer-Fabrik ermöglichten.

Der Schmiedemeister Jean-Michel Mazelier war bereit, mit seinem Maschinenpark ebenfalls umzuziehen, um mit seinem Wissen beim Aufbau der neuen Manufaktur zu helfen. Gérard Boissins gab seinen Posten in der Handwerkskammer des Aveyron auf und übernahm die Leitung der neuen Firma. Unter den Anteilseignern war auch Jean-Louis Costes, ein Multiunternehmer mit Bistros und Luxushotels in Paris. Noch vor der Fertigstellung eines Neubaus fanden die ersten Fabrikationsversuche bei Christian Moulin in Saint-Côme-d'Olt statt. Zu Beginn firmierte das Unternehmen noch unter „SARL Laguiole". Ab 1995 nannte es sich schließlich „Forge de Laguiole".

Herstellung von Laguiole-Klingen durch Ausstanzen in Montézic.

Im Band gestanzte Mouches zum Aufschweißen, ebenfalls in Montézic.

Ein Laguiole, entworfen von Philippe Starck

Zum Freundeskreis von Jean-Louis Costes zählte auch der international renommierte Designer Philippe Starck. Auf Anraten von Costes bat Gérard Boissins Starck um Mithilfe bei ihrem Laguiole-Projekt, der Planung einer Fabrik mit avantgardistischer, die Landschaft des Aubrac durchschneidenden Linienführung, mit geneigter Glasfassade, harmonisch gebogenen Linien aus Metall und einer von weitem sichtbaren, gigantisch aufragenden Klinge. Um der Eröffnung der neuen Manufaktur die angemessene Bedeutung zu verleihen, beschloss man, Philippe Starck auch mit dem Entwurf eines Messers zu betrauen. Starck entwarf ein Messer mit eleganter Linienführung und poliertem Aluminiumgriff in einer auffallend gestalteten Verpackung. Bereits bei Produktionsbeginn und den ersten Pressepräsentationen erweckte das Messer das Interesse der Medien und brachte der „Forge de Laguiole" zahlreiche Berichte in der internationalen Presse. Der Ruf von Laguiole als Produktionsstandort von Laguiole-Messern einer neuen Ära war auf den Weg gebracht.

EINE NEUE DYNAMIK FÜR LAGUIOLE

Diese unternehmerische Dynamik zog junge Talente und Investoren an, die neue Unternehmen an den historischen Stätten der Laguiole-Produktion gründeten. Heute kann man drei Messer-Manufakturen zählen, die die wesentlichen Einzelteile der Messer selbst herstellen. Die größte beschäftigt etwa 100 Personen, die zweite 66 Mitarbeiter. Hinzu kommen zwei mittelgroße Unternehmen sowie selbstständige Messermacher. Ungefähr 200 Arbeitsplätze in der Messerherstellung sind im Vergleich zur Einwohnerzahl des Dorfs Laguiole (1260) eine wichtige Größe. Diese Unternehmen befinden sich in Laguiole selbst, dazu in Montézic und in Espalion.

Prüfendes Auge eines Messermachers bei Laguiole Village in Espalion.

Guillochage eines Ressorts durch Michel Chambon, Messerschmied in Soulages-Bonneval, in der Nähe von Laguiole.

Links: „Le Tribal" von Benoit Mijoule in der Coutellerie Benoit l'artisan in Laguiole. Eine moderne Interpretation des Laguiole.

Mitte: Laguiole „Aile de pigeon" von Mickael Coignet in der Coutellerie Coignet in Laguiole, mit Damastklinge.

Rechts: Laguiole von Pierre Martin (Laguiole en Aubrac in Espalion). Die hintere Mitre besteht aus Damaststahl, der im Werk in Montézic geschmiedet ist.

Gegenüberliegende Seite: Sammlung von Mouches von Laguiole Village in Espalion.

Regionale Produkte

Mit dem Messer fügt Laguiole einen weiteren Stern in die Schatulle der regionalen Produkte ein: der Aligot des Aubrac, das Fleisch der Aubrac-Rinder, die Würste aus den Aubrac-Bergen, der geschützte Laguiole-Käse (AOP Appelation d'origine protégée), sowie die reiche Flora des Aubrac, die Michel und Sébastien Bras in ihrem oberhalb von Laguiole gelegenen „Restaurant le Suquet" ihren Gästen je nach Saison präsentieren.

Zwei elegante Laguioles mit durchbrochenen Metallgriffen von Pierre Martin, Messermacher bei Laguiole en Aubrac in Espalion.

Wie entsteht ein Laguiole heute?

Stanzen und Bohren von Klingen mittels eines Stufenwerkzeugs in Montézic.

Die Herstellung eines Laguioles erfordert zahlreiche handwerkliche Prozesse, die nur schwer automatisierbar sind. Aus diesem Grund spricht man eher von einer Manufaktur als von einer Fabrik. Einige Arbeitsschritte können hingegen wahlweise von Hand oder mit Maschinen ausgeführt werden. Für ein perfektes Ergebnis braucht es jedoch Auge und Hand eines Menschen. Der größte Kostenfaktor eines Laguiole-Messers liegt also in der Handarbeit.

Die Arbeit innerhalb einer Manufaktur ist in verschiedene Bereiche aufgeteilt: Herstellung der Metallteile („fourniture"), thermische Behandlung (Härtung) und Grundschliff, Vorbereitung der Rohstoffe (Holz- und Hornlager), Montage und Verzierung sowie Polieren und Schärfen.

DIE WAHL DES KLINGENSTAHLS

Stahl stellt den Ausgangsstoff für die Klinge dar. Seit Jahrhunderten verwendete man traditionell sogenannten „Kohlenstoffstahl", inzwischen auch rostfreie Stahlsorten (eigentlich sollte man besser von „rostträgen" Stählen sprechen) und aufwändigen Damaststählen.

Kohlenstoffstahl

Bei Kohlenstoffstahl handelt es sich um eine Legierung aus Eisen und Kohlenstoff, wobei die in Frankreich geläufigste Sorte der XC75 ist. Er schneidet sehr gut und ist leicht nachschärfbar, allerdings lässt die Schärfe etwas schneller nach als bei Inox-Klingen. Der Kohlenstoffstahl hat die Eigenschaft, im Gebrauch bläulich-schwarz anzulaufen, weil er mit Säuren und anderen Stoffen chemisch reagiert (was aber keinen Nachteil bedeutet. Um echten Rost zu vermeiden, sollte man die Klinge nach jedem Gebrauch reinigen und ihr von Zeit zu Zeit etwas Pflege und Öl gönnen.

In Frankreich kamen die Stähle früher aus den Pyrenäen und dem Dauphiné. Kohlenstoffstahl ist gut von Hand schmiedbar und unempfindlicher, weil er während der thermischen Be-

Für die Montage vorbereitete Klingen bei Laguiole en Aubrac in Espalion.

Die Fourniture ist die Gesamtheit der Metallteile eines Laguioles. Hier ein einteiliges Laguiole mit vollem Griff bei Laguiole Village in Espalion.

Das Stanzwerkzeug einer Presse für die Herstellung von Laguiole-klingen bei Laguiole en Aubrac in Montézic.

Modernes Wasserstrahlschneiden von Klingen durch einen in einer Diamantdüse gebündelten und mit Silizium angereicherten Wasserstrahl bei Laguiole Village in Espalion.

handlung eine breitere Temperaturtoleranz aufweist. Die gewünschte Form lässt sich von Hand oder im Gesenk schmieden. Die Anhänger von Kohlenstoffstahl schätzen die Schärfe seiner Schneide und wissen ihr Messer zu pflegen.

Inox-Stähle

Eine Stahlvariante mit hoher Korrosionsbeständigkeit wurde von einem französischen Stahlhersteller für einen seiner Kunden in Laguiole entwickelt, der seine Klingen mit einer Gesenkschmiede produziert. Die Stahlindustrie bietet heute zahlreiche Inox-Stähle an, die einen hohen Schutz vor Korrosion bieten. Die Schneidwarenindustrie verwendet moderne Stahlsorten wie die schwedischen Stähle 12C27 oder 14C28N, die neben hoher Rostbeständigkeit und Schnitthaltigkeit auch ein leichtes Nachschärfen ermöglichen.

Die Klingen lassen sich aus einem Metallband ausstanzen. In der Stanzpresse wird das Werkzeug montiert, das aus einem positiven Teil in Klingenform und einem negativen Teil besteht. Dann wird die Klinge mit mehreren Tonnen Druck ausgestanzt. Das Stanzverfahren wird in Manufakturen vor allem für größere Serien angewendet, gleichermaßen für Klingen aus Kohlenstoff- wie Inoxstählen.

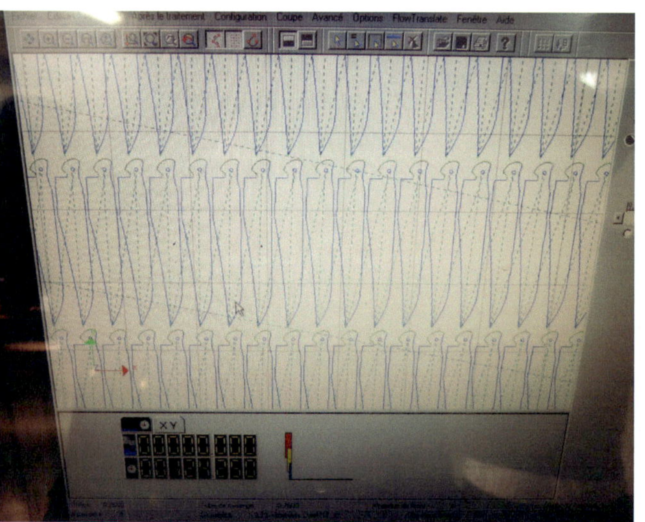

Der Bildschirm der Computersteuerung eines Wasserstrahl-Schneidautomaten.

PM-Stähle

Heute sind pulvermetallurgisch erzeugte Sinterstähle verfügbar. Allerdings sind sie deutlich teurer. RWL-34 zum Beispiel bietet eine sehr hohe Schnitthaltigkeit, ist sehr widerstandsfähig und erlaubt eine makellose Spiegelpolitur. Seine komplexe Herstellung begrenzt seine Verwendung auf sehr hochwertige Messer und Einzelstücke von Kunsthandwerkern.

Damaststahl

Um Marktnachfrage und den Zeitgeist zu befriedigen, bieten die Manufakturen auch Klingen aus Damaststahl an. Damaststahl entsteht, indem mehrere Schichten unterschiedlicher Stähle, manchmal auch Eisen, verschweißt werden, so dass ein rechteckiger Quader entsteht, der erhitzt und mit einem Fallhammer geschmiedet wird, so dass die Schichten homogen miteinander verschweißt werden. Dieser Block wird oft mehrfach gefaltet, manchmal tordiert (in sich verdreht) und erneut ausgeschmiedet, bis das gewünschtes Ergebnis erreicht ist.

In der Vergangenheit wurde Damaststahl nicht wegen seiner dekorativen Optik eingesetzt, sondern wegen seiner mechanischen Qualitäten, denn die Stahl- und Eisenlagen besitzen unter-

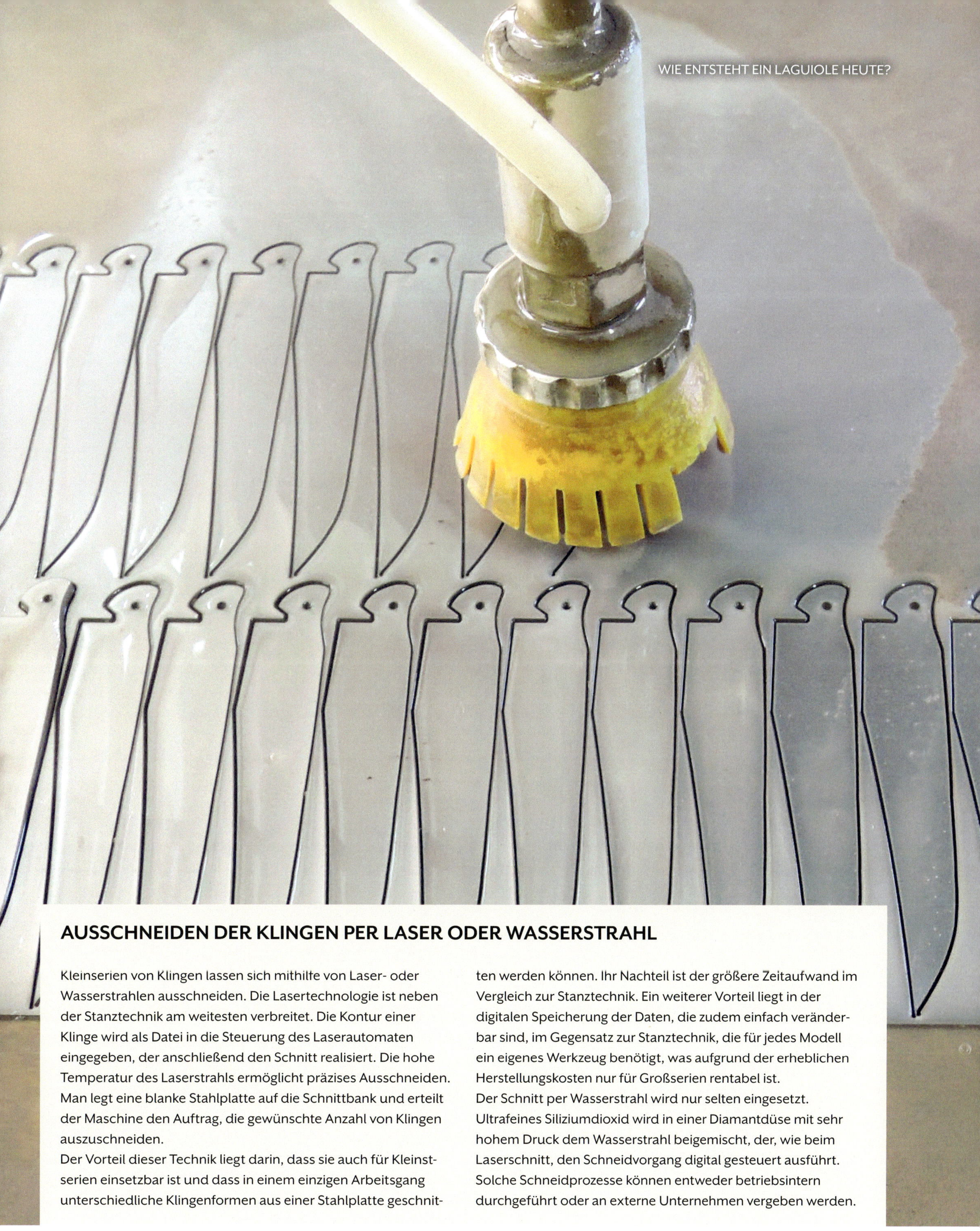

AUSSCHNEIDEN DER KLINGEN PER LASER ODER WASSERSTRAHL

Kleinserien von Klingen lassen sich mithilfe von Laser- oder Wasserstrahlen ausschneiden. Die Lasertechnologie ist neben der Stanztechnik am weitesten verbreitet. Die Kontur einer Klinge wird als Datei in die Steuerung des Laserautomaten eingegeben, der anschließend den Schnitt realisiert. Die hohe Temperatur des Laserstrahls ermöglicht präzises Ausschneiden. Man legt eine blanke Stahlplatte auf die Schnittbank und erteilt der Maschine den Auftrag, die gewünschte Anzahl von Klingen auszuschneiden.

Der Vorteil dieser Technik liegt darin, dass sie auch für Kleinstserien einsetzbar ist und dass in einem einzigen Arbeitsgang unterschiedliche Klingenformen aus einer Stahlplatte geschnitten werden können. Ihr Nachteil ist der größere Zeitaufwand im Vergleich zur Stanztechnik. Ein weiterer Vorteil liegt in der digitalen Speicherung der Daten, die zudem einfach veränderbar sind, im Gegensatz zur Stanztechnik, die für jedes Modell ein eigenes Werkzeug benötigt, was aufgrund der erheblichen Herstellungskosten nur für Großserien rentabel ist.

Der Schnitt per Wasserstrahl wird nur selten eingesetzt. Ultrafeines Siliziumdioxid wird in einer Diamantdüse mit sehr hohem Druck dem Wasserstrahl beigemischt, der, wie beim Laserschnitt, den Schneidvorgang digital gesteuert ausführt. Solche Schneidprozesse können entweder betriebsintern durchgeführt oder an externe Unternehmen vergeben werden.

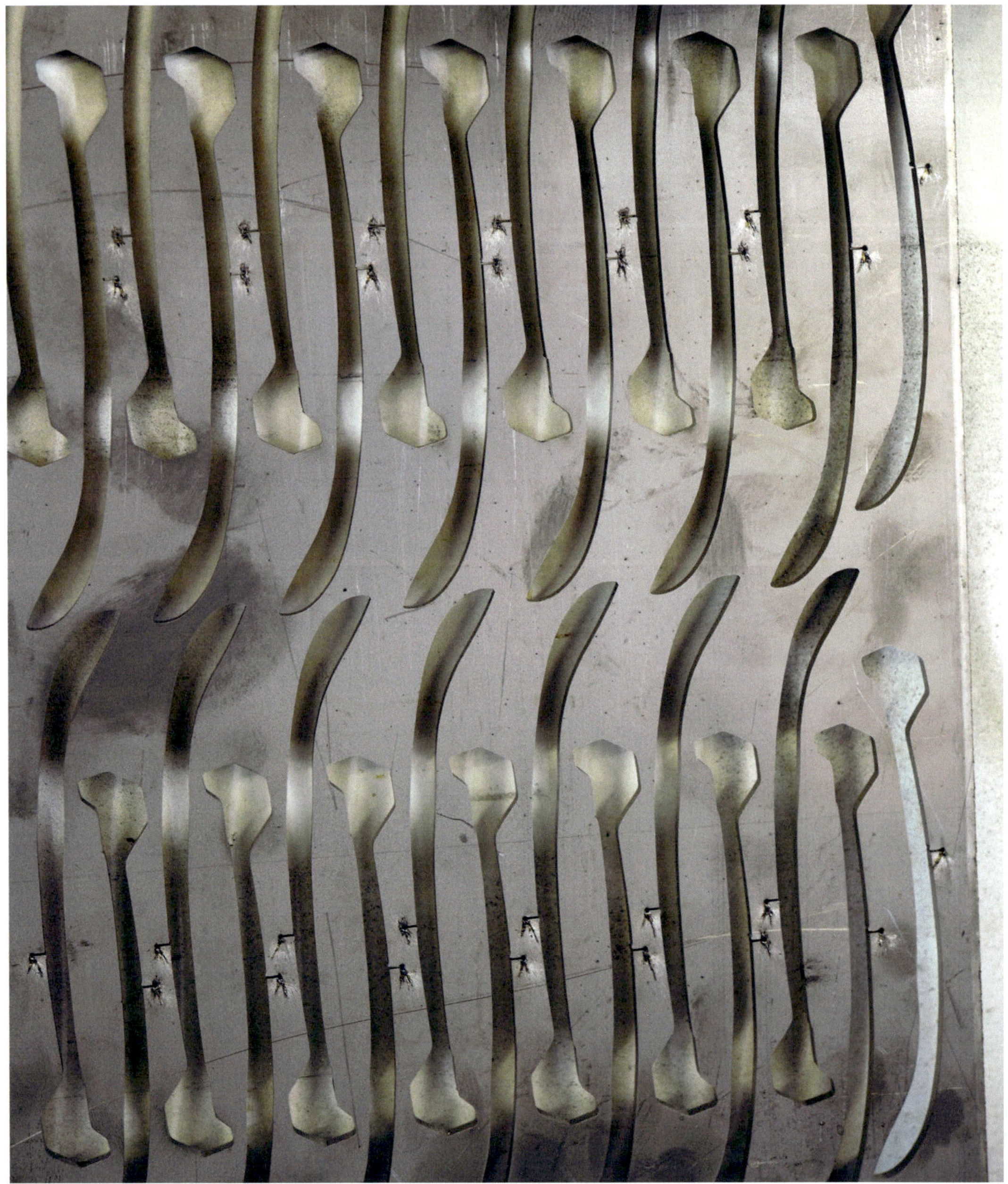

Platte aus Inoxstahl, aus der die Ressorts per Laser geschnitten wurden.

Rechte Seite: Um die Mouche auszuschmieden, wird der Metallüberstand am Kopf des Ressorts per Induktion lokal erhitzt und dann mit einer Presse geprägt. Hier bei Laguiole Village in Espalion.

schiedliche Eigenschaften. Damaststahl hatte eine reine Gebrauchsfunktion und wurde hauptsächlich für Waffen verwendet.

Moderne industrielle Damaststähle entstehen durch die Verbindung unterschiedlicher rostträger Stahlsorten. Herkunftsländer sind Schweden, Deutschland, Japan und die USA. Sie werden zunehmend von Kunden geschätzt, die Wert auf unkomplizierten Gebrauch legen. Andere Damaststähle bestehen nicht aus rostbeständigen Materialien. Wegen der Zahl der nötigen Arbeitsschritte sind Damastklingen sehr viel teurer als klassische Klingen.

DER HERSTELLUNGSPROZESS

Die mit einer Mouche versehenen Ressorts werden zunächst ausgelasert. Im Bereich der Mouche belässt man einen Materialüberstand, der induktiv erhitzt und mittels eines Prägestempels zu einer flachen Mouche gepresst wird.

Das erhitzte Ressort wird zum Ausformen der Mouche in die Presse eingelegt.

Die Mouche ist geschmiedet. Laguiole en Aubrac in Montézic.

Die thermische Behandlung

Die Klinge wird in einem Ofen bis zur Rotglut erhitzt und anschließend abrupt abgekühlt, entweder durch Eintauchen in ein Ölbad oder durch Druckluft. Die Stahlstruktur wird so stabilisiert. Dadurch ist die Klinge gehärtet, aber zerbrechlich geworden. Um dem Stahl seine Elastizität zurückzugeben, erhitzt der Schmied die Klinge erneut auf eine niedrigere Temperatur. Diese beiden Vorgänge des Härtens und erneuten Anlassens bilden die Wärmebehandlung.

Der Schliff

Um die Klinge, die zunächst eine flache Metallplatte ist, zum Schneiden zu bringen, muss sie durch Schleifen zur Schnittkante hin verjüngt werden. Dazu wird die Klinge gegen einen sich im Wasserbad drehenden Schleifstein oder das Schleifband eines Bandschleifers geführt. Dieser Vorgang kann manuell durchgeführt werden, wenn der Schleifer geschickt ist. In den großen Manufakturen greift man auf computergesteuerte Schleifautomaten zurück. Die Klingen werden für die spätere Montage mit Niet oder Schraube gelocht und mit der Marke der Manufaktur versehen.

Die Platinen

Die beiden aus dünnem Messing oder Edelstahl gefertigten Platinen bilden das Skelett des Messers und geben die Form des Messergriffs vor. Sie gewährleisten den Halt aller anderen Teile des Messers. Sie werden paarweise exakt aus dem Metall ausgeschnitten und erhalten Bohrungen für die Aufnahme und Befestigung der weiteren Bestandteile mittels Niete oder Spezialschrauben. Die Platinen eignen sich für volle Griffe und als Träger für zwei Mitres (Backen).

Die Mitres

Bei den Mitres handelt es sich um die beiden kalt gestanzten Metallbacken aus Messing oder rostfreiem Stahl an den Griffenden, die ihn vor Belastungen schützen sollen. Aus ästhetischen Gründen bevorzugen manche Kunden volle Griffe ohne Backen. Die Mitres werden genietet oder induktiv mit den Platinen verschweißt. Die Platinen, mit oder ohne Mitres, tragen die mit Niete oder Schrauben befestigten Griffschalen.

Abkühlung der Ressorts nach dem Härten bei kontrollierter Temperatur im Ölbad. Ebenfalls bei Laguiole en Aubrac in Montézic.

Die Ressorts kommen rotglühend aus dem Ofen, danach zum Abkühlen direkt in das Ölbad.

Ein fossiler Mammutstoßzahn: Fertig für den Zuschnitt im Materiallager bei Laguiole en Aubrac in Espalion.

Rechte Seite oben: Horn ist ein traditioneller Rohstoff für die Herstellung von Laguiole-Griffen.

Rechte Seite unten: Hirschhorn wird für die Griffe seltener verwendet.

Rohstoffe für den Griff

Ein breiter Fächer von Rohstoffen eignet sich für die Herstellung der Griffe: Hölzer lokalen oder exotischen Ursprungs, tierische Materialien wie Rinderhorn, Rinder- oder Büffelknochen, Geweihe, fossile Stoffe wie Mammut-Elfenbein und synthetische Materialien wie Kohlefaser.

Elfenbein, einst ein sehr gesuchter Rohstoff für Messergriffe, unterliegt den Artenschutzbestimmungen und wird daher nicht mehr verwendet. Die Messerhersteller greifen deshalb auf Warzenschwein- oder Kamelknochen oder auf fossiles Mammut-Elfenbein zu zunehmend unerschwinglichen Preisen zurück. Versteinertes Elfenbein wird aus den Permafrostgebieten im sibirischen Norden ausgegraben.

Zu den möglichen Griffmaterialien der Messermacher sind künstlich stabilisierte Mate-

Die Suche nach hochwertigen Rohstoffen ist ein ständiges Anliegen der Hersteller. Auch Waldarbeiter sind daran beteiligt. Materiallager von Laguiole en Aubrac in Espalion.

Geweihstangen warten auf ihre Weiterverarbeitung zu Griffen bei einem Handwerker im Aubrac.

rialien hinzugekommen. Der Stabilisierungsprozess ermöglicht, in einem Trockenschrank Edelhölzer oder versteinertes Elfenbein mit Spezialharz zu verfestigen. Die so gefertigten Blöcke können am Schleifband in die gewünschte Form gebracht werden.

Das Holz wird von einem externen Zulieferer bereits in kleinen, in der ungefähren Größe des Griffs zugeschnittenen Plaketten, sogenannten „carrelets“ geliefert. Teilweise bezieht man auch Holzkanteln, die erst in der Holzwerkstatt einer Manufaktur zugesägt und in die Abmessungen des Griffs gebracht werden. Das kann manuell oder automatisiert geschehen. Auch andere Rohstoffe werden entsprechend vorbereitet, bevor sie zum Messermonteur weitergeleitet werden.

Stoßzähne von Warzenschweinen, Rohstoff für Griffe. In der Werkstatt von Soulages-Bonneval in der Nähe von Laguiole.

Diese Scheibe einer außergewöhnlichen Teakholzknolle ist im Materiallager von Laguiole en Aubrac für eine limitierte Serie von Laguioles reserviert.

Oben und darunter: Anreißen und Ausschneiden eines vollen Griffs bei Laguiole en Aubrac in Espalion.

Zugeschnittene Griffschalen werden für die Messer zusammengestellt.

Laguiole en Aubrac: Hergestellt aus Damastbarren, die im Werk in Montézic im Holzkohlefeuer geschmiedet wurden, warten diese großen Laguiole-Einzelstücke darauf, demnächst ihre Sammler glücklich zu machen.

DER ZUSAMMENBAU DES LAGUIOLE-MESSERS

Der Monteur bringt das Messer zum Leben. Die Fourniture wird zusammengestellt aus: Klinge, Platinen, Seitenteilen, Schrauben oder Nietdraht, glattem Ressort und eventuell Korkenzieher und/ oder Ahle. Die Korkenzieher werden als einziges Teil nicht in der Manufaktur hergestellt, sondern von Spezialfirmen außer Haus bezogen.

Die Guillochage

Es ist der Monteur, der das Ressort verziert. Mithilfe feiner Feilen bearbeitet er den Stahl, um der Mouche das Aussehen einer Biene oder anderer schmückender Motive zu geben. Diesen Vorgang nennt man „Guillochage". Zur Erinnerung: Bei der Mouche (Fliege) handelt es sich um die Abflachung am Kopf des Ressorts. Dieser Fachbegriff der Couteliers ist sehr alt, wurde bereits im 18. Jahrhundert benutzt und hat nichts mit dem Insekt zu tun. Man kann also von einer für das Laguiole symbolträchtigen Biene oder Fliege auf einer Mouche sprechen. Der Rücken des Ressorts kann von den Monteuren ebenfalls guillochiert oder manchmal auch graviert werden.

Von links oben nach rechts unten: Um eine Biene aus einem Stück Metall zum Leben zu erwecken, benutzt ein Messermacher vier bis fünf verschiedene Feilen.

Das Ressort ist mit den beiden Platinen verbunden. Ein Laguiole wird geboren (Laguiole Village in Espalion).

Vor- und Endmontage

Der Monteur nimmt die Platinen und das Ressort und vernietet zuerst den für die Spannung zuständigen mittleren Niet des Ressorts mit den Platinen, dann den Endniet. Danach fügt er provisorisch „à blanc" die Klinge ein und prüft deren Gang. Er sucht nach schwergängigen Stellen und behebt diese mit der Feile. Die Griffschalen werden an die Platinen angepasst. Sodann verlässt der Monteur seine Werkbank und begibt sich an den Bandschleifer, um dem Griff die für das Laguiole typische, geschwungene Form zu geben.

Polieren und Endfertigung

Das Messer geht anschließend in die Polierwerkstatt. An Bändern mit immer feiner werdender Korngrößen, mit Schmirgel oder auf Scheiben mit Lamellen aus Büffelleder wird das Messer glänzend oder satiniert poliert. Dem Polieren folgt eine Hochglanzpolitur mit Filz, die dem Messer Brillanz verleiht. Der Polierer hat eine Schlüsselstellung, weil er ihm „den letzten Schliff" gibt.

Anschließend wird die Klinge geschärft. Um Verletzungen während der Herstellung zu vermeiden, wird das Schärfen, „affilage" genannt, als letzte Etappe der Fertigung vorgenommen. Nach der Endkontrolle wird das Messer verpackt und ist bereit, seinen zukünftigen Besitzer glücklich zu machen.

Dreiteilige Laguioles mit Korkenzieher und Dorn während der Herstellung bei Laguiole en Aubrac in Espalion.

Endbearbeitung am feinen Band und Funktionstest bei Laguiole Village in Espalion.

en Aubrac

Poliervorgänge bis zum Spiegelglanz, die letzten Arbeitsschritte in der Herstellung (Laguiole en Aubrac in Espalion).

Handschmieden bei Michel Frayssou: Nach dem Erhitzen im Holzkohlefeuer der Esse wandert diese Klinge wieder auf den Amboss.

DIE HANDWERKLICHE HERSTELLUNG

Für Handwerksbetriebe gilt grundsätzlich derselbe Arbeitsablauf. Allerdings führt der Messermacher alle Arbeitsschritte hier selbst durch. Für ihn besteht die Möglichkeit, Klingen, Ressorts und Platinen bei einem Zulieferer zu kaufen oder sich die Klingen von einem Hersteller nach einem eigenen Entwurf herstellen zu lassen. Er kann die Klingen auch selbst schmieden, was aber selten vorkommt, oder er entwirft Muster seiner Klingen und Ressorts und realisiert sie dann am Bandschleifer. Der Schliff erfolgt im Allgemeinen von Hand an der Schleifscheibe oder am Band.

Die handwerklichen Arbeitsschritte der Montage und des Dekors entsprechen denen in Manufakturen. Die Wärmebehandlung der Klinge vollzieht er selbst, wenn er einen Härteofen mit regelbaren Temperaturkurven für technisch anspruchsvollere Stähle besitzt. Der Handwerker kann die thermische Behandlung aber auch genauso gut an spezialisierte Härtereien vergeben.

Manche Schmiede bevorzugen Gas. Hier sind verschiedene unterschiedliche Stähle zur „trousse" (Paket) verschweißt, um daraus einen Damastbarren zu schmieden.

Das Stahlpaket für den Damastbarren wird im Holzkohlefeuer erhitzt. Für die Herstellung von Kohlenstoffdamasten ist das die qualitativ hochwertigste Methode. Hier bei Laguiole en Aubrac in Montézic.

Unten und rechte Seite. Die Oberflächen des Pakets werden gebürstet und mit Borax bestreut, um ein Verschweißen der verschiedenen Stahllagen zu erleichtern. Dann wird das Paket auf dem Amboss mit dem Hammer gefaltet, um eine Verdoppelung der Lagenzahl zu erzeugen und anschließend mit dem Lufthammer ausgestreckt. In der Schmiede von Laguiole en Aubrac in Montézic.

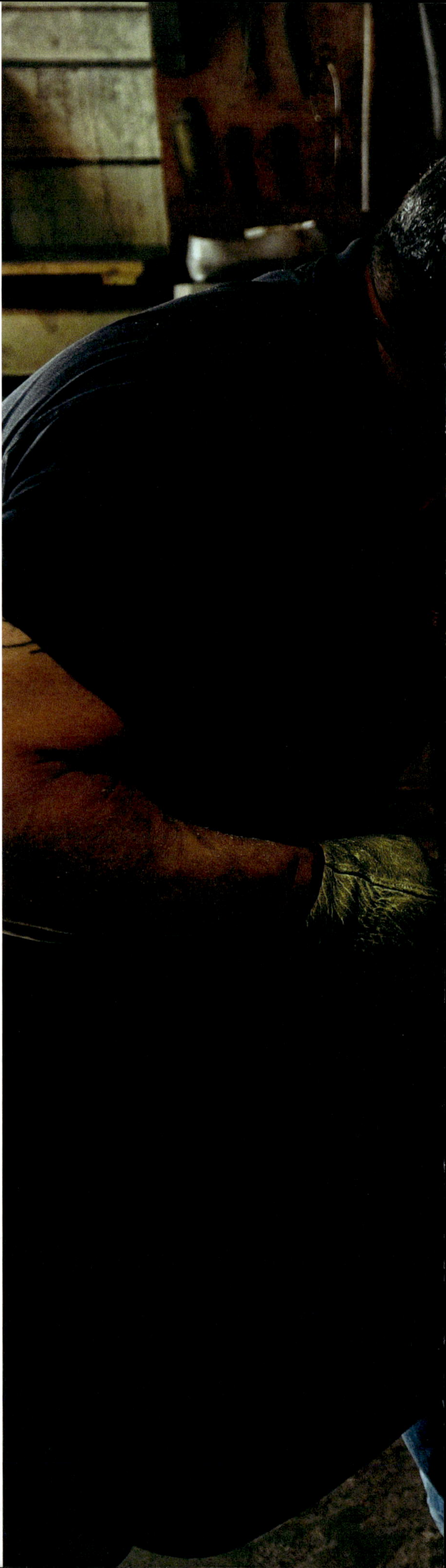

Die „Couteliers d'art" führen das Laguiole in eine neue Zukunft

Klingen aus selbst geschmiedetem Damast im Atelier von Jean-Pierre Veysseyre (Thiers).

DIE BESTEN HANDWERKER FRANKREICHS

Die Wettbewerbe, die seit Beginn des 19. Jahrhunderts im Rahmen großer Ausstellungen ausgeschrieben wurden, zielten darauf ab, kunsthandwerklich oder fabrikmäßig hergestellte Produkte auszuzeichnen. Sie hatten dabei mehr die Qualität der Hersteller als das individuelle handwerkliche Können im Auge. Doch dieser Fokus verschob sich im 20. Jahrhundert zugunsten der individuellen Leistungen.

Ganz am Anfang des Wettbewerbs „Meilleurs Ouvriers de France" stand der hochangesehene Journalist und Kunstkritiker Lucien Klotz. Im Jahr 1924, bei der Eröffnung der „Exposition nationale du Travail", wurde der Titel „Un des meilleurs ouvriers de France" (MOF = einer der besten Handwerker Frankreichs) zum ersten Mal ausgeschrieben. 1932 übernahm das nationale Erziehungsministerium die Schirmherrschaft und gab ihm damit einen offiziellen Status. Dieser Titel hat sich als Auszeichnung für außergewöhnliche Qualität der Arbeit fest etabliert und hebt die Bedeutung der Messermacher hervor, die den Ehrentitel „Un des Meilleurs Ouvriers de France" (MOF) tragen. Der Wettbewerb wird für unterschiedliche Berufe ausgeschrieben, darunter die Messerherstellung.

Laguiole von Virgilio Munoz (MOF) von der Forge de Laguiole. Die fein gefiederte Mouche zeigt einen Olivenzweig.

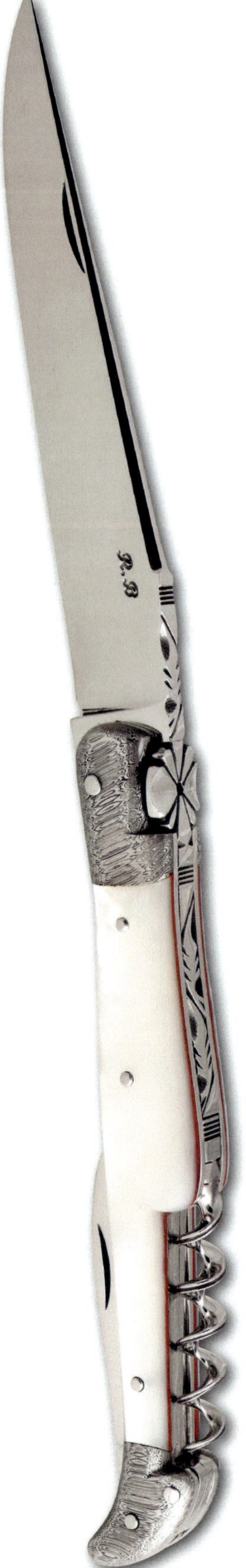

Von links nach rechts : Robert Beillonnet (zweimal MOF), Jean-Michel Cayron (zweimal MOF), Jérôme Lamic (MOF).

Die Ausnahme-Couteliers, denen dieser prestigeträchtige Titel in ihrem Bereich zuerkannt wurde, lassen sich an den Fingern einer Hand abzählen. Sie fügen den Spitzenprodukten des Messerhandwerks künstlerische Akzente hinzu und sind der Stolz des gesamten Berufsstands.

Die hohe Qualität der französischen Coutellerie

Die folgenden Couteliers d'art erhielten den Titel „Un des Meilleurs Ouvriers de France", der jeweils am Ende eines Wettbewerbs unter den Augen einer professionell hochgradig besetzten Jury verliehen wird, wobei ein Messermacher den Titel jeweils nur einmal in einer der folgenden Kategorien erhalten kann: Manikürbesteck, Jagdmesser, Scheren, Tafelmesser, Berufsmesser. Zu nennen sind: Robert Beillonnet (zweifacher MOF) aus Puy-Guillaume in der Nähe von Thiers; Jean-Michel Cayron (zweifacher MOF), arbeitet in Laguiole; Virgilio Munoz, arbeitete zunächst in Thiers und dann in Laguiole; Jean-Pierre Suchéras (zweifacher MOF) aus Thiers und Jérôme Lamic (MOF), arbeitet in Laguiole. Einige sind als selbständige Messermacher tätig, andere in Betrieben.

Ihre Messer zeigen die außergewöhnliche Qualität der französischen Coutellerie, indem sie das Thema des klassischen Laguioles in den Status von Luxusgütern und Kunstobjekten erheben. Der in Laguiole arbeitende Stéphane Rambaud erhielt den Titel des „Meilleur Apprenti de France" (Bester Lehrling Frankreichs). Henri Viallon aus Thiers, der viele junge, talentierte Messermacher gefördert hat, bleibt vielen in Erinnerung.

Laguiole mit fein gearbeitetem Perlmuttgriff. Es wurde von Robert Beillonnet zum Wettbewerb des MOF eingereicht.

Rechts oben: Laguiole von Jean-Pierre Veysseyre mit selbstgeschmiedeter Damastklinge.

Rechts unten: Jean-Michel Cayron bei der Arbeit in seiner Werkstatt.

Laguiole-Droit, eine Neuinterpretation von Jérôme Lamic. Darunter ein bemerkenswertes Exemplar mit Perlrochengriff.

DAS „LAGUIOLE D'ART"

Durch edelste Materialien, durch besonders klassische oder innovative Form und Gestaltung, durch Schnitzen der Griffe, Ziselierung, Gravur von Klingen und Ressorts, durch exzellentes mechanisches Funktionieren bringen die edelsten Exemplare das Laguiole auf den Höhepunkt. Seit ungefähr 30 Jahren bereichern solche Spitzenprodukte die Welt des Laguiole-Messers.

Die wichtigsten Messermacher in diesem Genre sind neben den MOFs: Renaud Aubry, Raphaël Durand, Mathieu Herrero, Franck Pitelet, David Ponson und Söhne, Jean-Pierre Veysseyre, Philippe Voissière. Ihre Dynamik zieht junge Messermacher an und motiviert sie, den beruflichen Weg ihrer Vorfahren weiterzugehen, sei es als handwerklich arbeitende Couteliers oder als Couteliers d'art.

Laguiole von Jean-Michel Cayron, die Mouche zeigt zwei Masken.

Grand Laguiole „Lévrier" (Hase) von Jean-Michel Cayron.

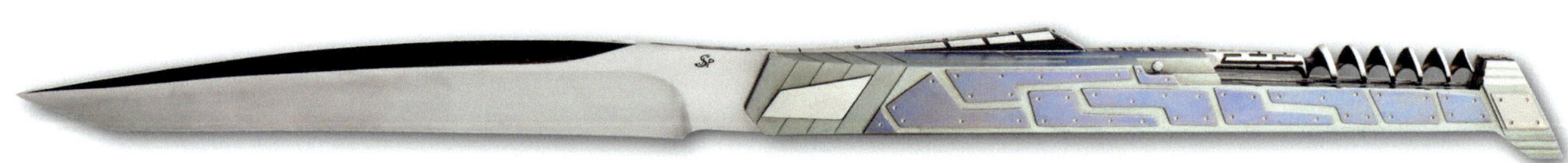

Grand Laguiole „Lagnum": Die Absicht von Jean-Pierre Suchéras (zweimal MOF) war es, den gewohnten Formen- und Linienkanon eines Laguioles aufzubrechen.

Von oben nach unten:
Zwei Laguioles von Jean-Michel Cayron, ein Laguiole-Droit von Jean-Michel Cayron, ein Laguiole von David Ponson, zwei Exemplare von Philippe Voissière, je ein Messer von Jérôme Lamic und Franck Pitelet.

Deutsch-französische Freundschaft

Während eines gemeinsamen Mittagessens reichte Robert Beillonnet (zweimaliger MOF) mit einem Augenzwinkern die Weinflasche zu seinem Freund Wolfgang Lantelme, der in Deutschland aus Leidenschaft für die französischen Messer von der Architektur zur professionellen Messerherstellung gekommen war: „Zieh' dein Laguiole und mach sie auf!", woraufhin Wolfgang unter dem Schmunzeln der Anwesenden etwas beschämt gestehen musste, dass sein Laguiole nicht über einen Korkenzieher verfügte.

Nach seiner Vorstellung besitzt ein Laguiole seine elegante und harmonische Linienführung, die es von den anderen regionalen Messern unterscheidet, nur als Einteiler mit Klinge. Wolfgang erklärte, dass in seinen Augen der Ausschnitt für den Korkenzieher im Rücken des Messers die saubere und konsequente Linienführung unterbreche und das Laguiole damit seine Eleganz verlöre.

Diese amüsante Episode in geselliger Runde brachte Robert Beillonnet auf die Idee, seine Serie, die er „Überlebensmesser" nannte, zu verfeinern. Ein Jahr später war es vollbracht: Er rief Wolfgang an und präsentierte ihm, was er für PassionFrance, Wolfgangs Messermarke, entwickelt hatte. Das Laguiole-PassionFrance war geboren, mit einem verlängerten und auf die Seite versetzten Korkenzieher, der die Rückenlinie des Messers nicht unterbricht. Die Idee war überzeugend, das Messer wurde prämiert: Es gewann den „International Knife Award" der Messe IWA in Nürnberg und wurde von der Jury zum „Knife of the Year 2010" gekürt.

Klassische Linie: Das von Robert Beillonnet für PassionFrance entworfene Laguiole integriert den Korkenzieher besonders elegant.

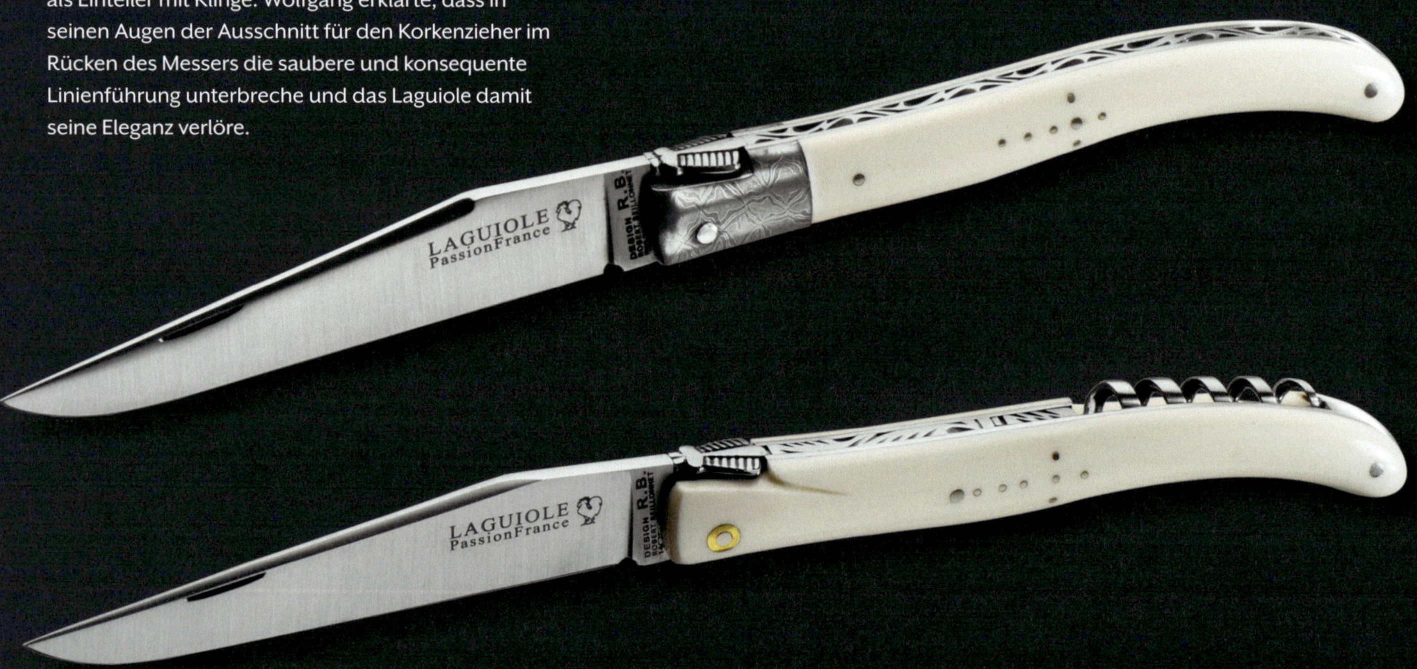

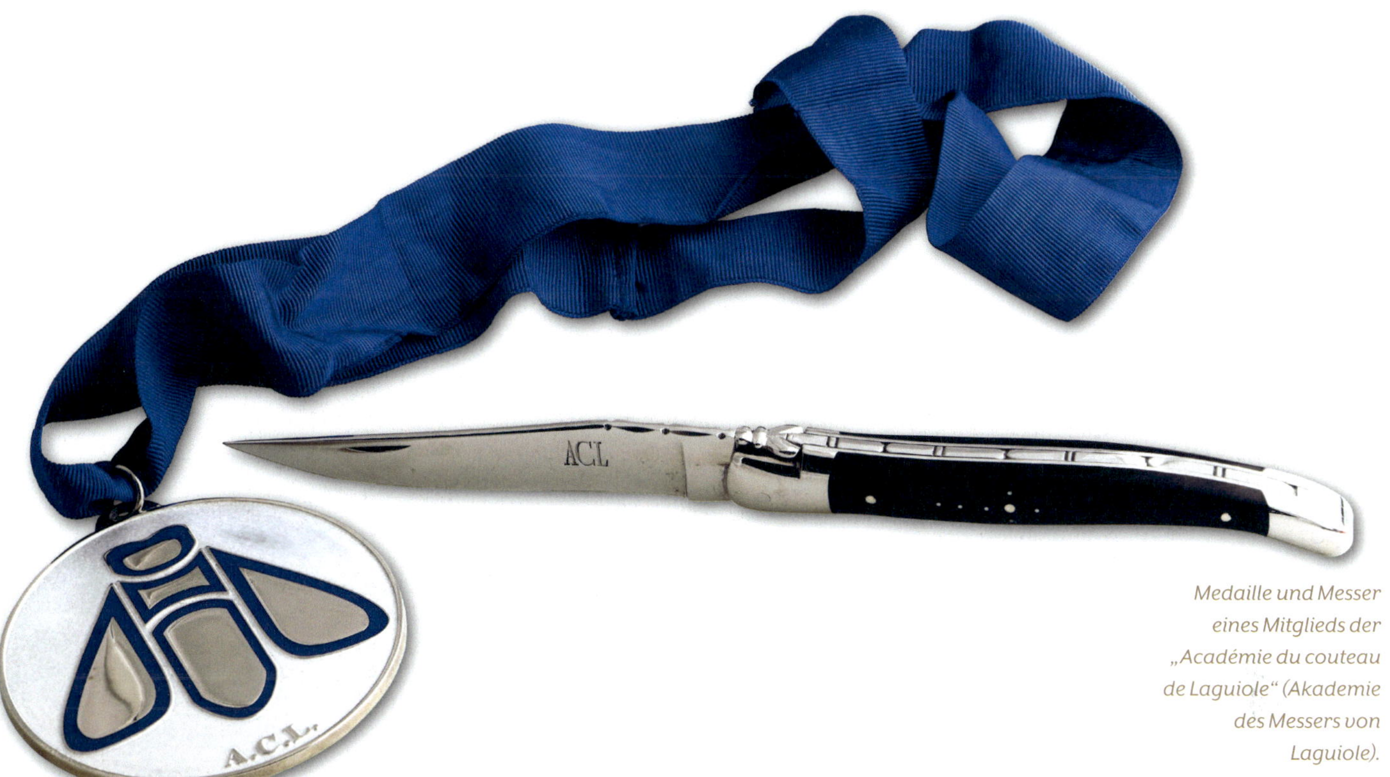

Medaille und Messer eines Mitglieds der „Académie du couteau de Laguiole" (Akademie des Messers von Laguiole).

Das Laguiole, ein kultureller Marker

Mit der Zurück-zur-Natur-Bewegung begann für das Laguiole eine neue Ära. Zuerst Messer der Bauern, dann Messer der Bougnats in Paris, dann Messer der bürgerlichen Gesellschaft. Der umweltbewusste Städter hat nun beide Welten vereint: einerseits die erträumte Authentizität der Natur, die das Aubrac beispielhaft verkörpert, andererseits die Urbanität, das städtische Leben mit anderen Blickwinkeln auf neue Materialien, Farbspielen, eine Welt der Moderne. Mit seinen fließenden Formen aus Biegungen und Winkeln eignet sich das Laguiole für ganz unterschiedliche Interpretationen, je nach Einfallsreichtum und Stil seiner Designer. Unter Beibehaltung seiner ursprünglichen Funktion besitzt das Laguiole eine große Anpassungsfähigkeit an die jeweilige Zeit: Das Laguiole ist ein Messer der „l'art de vivre", der Lebenskunst.

Berühmte Designer, wie zunächst Philippe Starck, und andere große Namen haben mit ihren ganz eigenen Interpretationen des Laguioles aufhorchen lassen.

Das Perlenmotiv des Perlrochengriffs findet sich auf dem Ressort und der Mouche dieses Laguioles von Jérôme Lamic wieder.

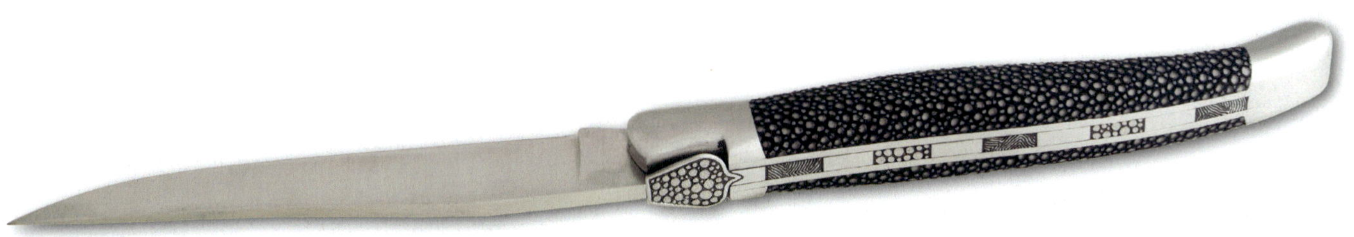

Thiers, die andere Stadt des Laguiole-Messers

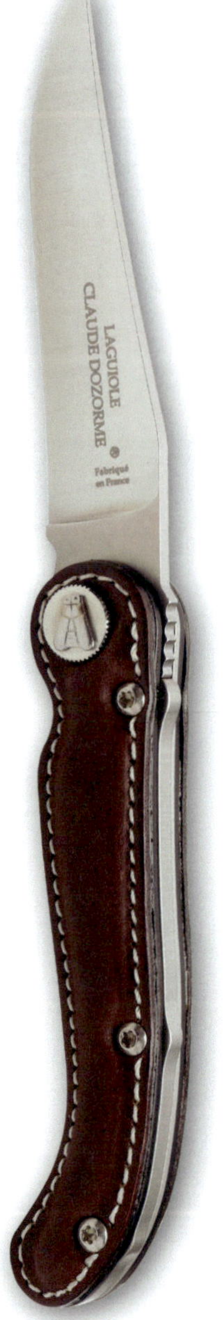

Laguiole von Claude Dozorme (Thiers), mit Liner-Lock-Arretierung und einem extravaganten Ledergriff.

Gegenüberliegende Seite: Die Stadt Thiers, Hauptstadt der französischen Messerherstellung. Im Hintergrund die Kette der Vulkane, davor die Ebene der Limagne.

EIN SAMMELBECKEN DER SCHNEIDWARENHERSTELLUNG

Seit 1985 hat Laguiole zu eigener Aktivität zurück- und sein Messer wiedergefunden. Thiers seinerseits, hat nicht nur 40 Jahre die Laguiole-Produktion allein sichergestellt und die Hürde der schwierigen Jahre von 1950 bis 1973 genommen, sondern hat auch seine technische Entwicklung weitergeführt. Arbeitskräfte, die Laguiole-Messer einst in Heimarbeit in ihren Dörfern auf dem Land herstellten, gibt es nicht mehr. Die Stadt Thiers und die umliegenden Berge bilden heute ein Sammelbecken der Schneidwarenherstellung mit über 1200 Arbeitsplätzen und rund 80 Unternehmen, die als Messerhersteller oder Zulieferer tätig sind. 16 Messerfabriken und rund zehn handwerkliche Betriebe stellen in Thiers Laguiole-Messer her. Manche Unternehmen sind auf Klappmesser spezialisiert, andere verfügen über ein breiteres Sortiment. Die Produktionsbedingungen haben sich seit der Zeit der Bauernschmiede weiterentwickelt, Digitaltechnik hat Einzug gehalten. Thiers bildet ein ganzes Netz von mittelständigen und kleinen Betrieben, aber nur wenige produzieren Messer von A bis Z in allen Arbeitsschritten.

Laguiole-Tafelmesser, ein sauberes Design von Goyon-Chazeau (Thiers).

Laguiole mit Backlock-Arretierung, Klinge aus schwedischem Damasteel-Damast, Handarbeit von Fontenille-Pataud (Thiers).

Die Vernetzung kleiner und mittelständischer Betriebe

Gegenseitige Zulieferungen und Verflechtungen schaffen in Thiers ein solidarisches Netzwerk. Manche Unternehmen haben ihre Produktion auf die Fertigung von Einzelteilen spezialisiert: Schmieden oder Stanzen, Schliff oder Härten, Grifffertigung oder Polieren. Manche Betriebe beliefern Messerhersteller in Laguiole, für die sie auch Fertigungsschritte wie Stanzen, Wärmebehandlung oder Schliff durchführen. Typisch für Thiers ist die Herstellung von Laguioles in Betrieben, die nicht mehr als 15 Mitarbeiter haben. Anders ist es bei Tafelmessern im Laguiole-Stil mit Betrieben bis 60 Mitarbeiter, von denen einige zu den Marktführern gehören.

Eine breitgefächerte Produktion

Das Angebot von Laguiole-Tafelmessern präsentiert sich als breiter Fächer von billigen Modellen für große Handelsketten bis hin zu Tafelmessern feinster Verarbeitung in Luxusausführung. Die Herstellung von Klappmessern erfolgt hauptsächlich durch Handwerker oder Kleinbetriebe, die Laguiole-Messer auf sorgfältige Weise herstellen oder zu Kunstmessern aufwerten. Auch Thiers lebt vom Laguiole, selbst wenn Klappmesser weniger als 30 Prozent des Messerumsatzes von Thiers ausmachen. Hergestellt werden außerdem Tafelbestecke, Koch- und Küchenmesser, Outdoormesser und Berufsmesser.

Rechts: Guillochage eines Ressorts bei Fontenille-Pataud.

Ganz rechts: Bei Claude Dozorme (Thiers) digital gesteuerter Klingenschliff in drei Ebenen.

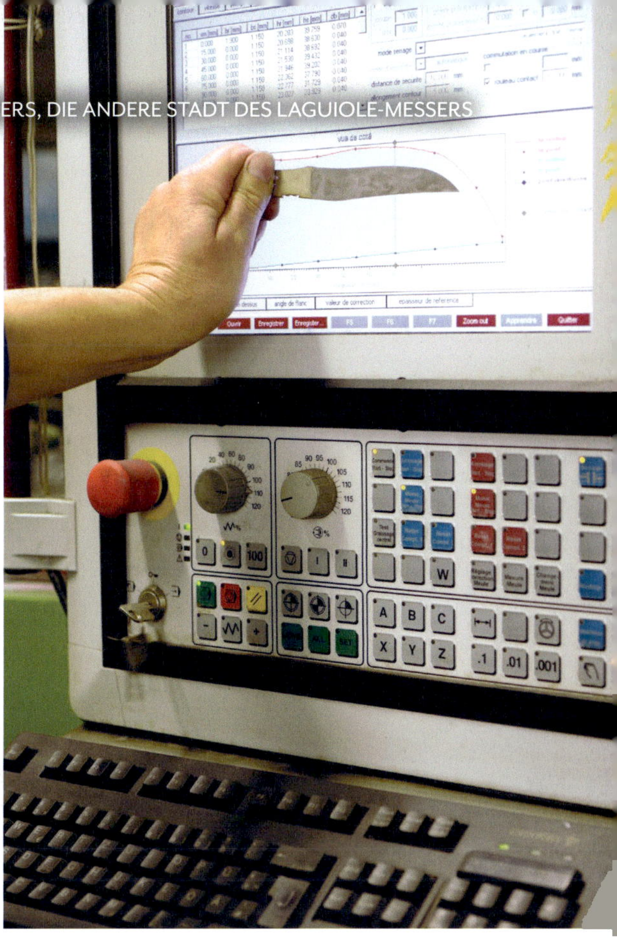

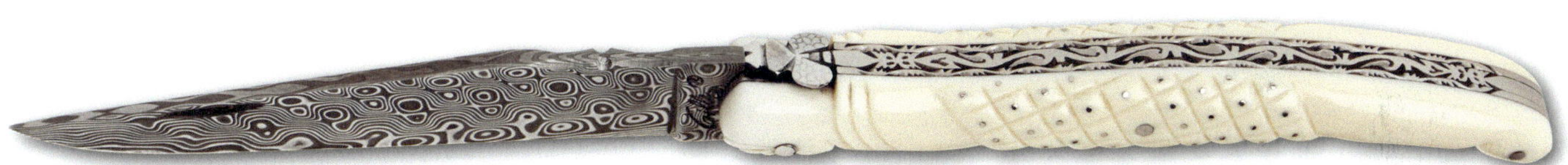

Laguiole mit Damasteel-Klinge, beschnitzter Griff, von Fontenille-Pataud.

Laguiole von Renaud Aubry (Thiers).

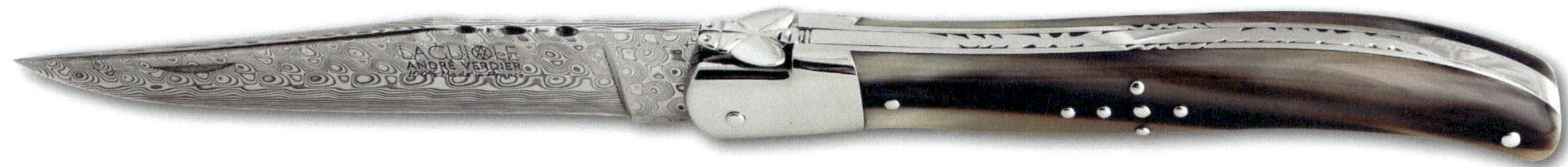

Sehr großes Laguiole (17 cm geschlossen), Klinge aus rostfreiem Damast, von der Coutellerie André Verdier (Thiers), das i-Tüpfelchen eines Vorlegebestecks.

Das alte Fabrikgebäude der Firma May im Vallée des Usines (Fabriktal) am Ufer der Durolle (Thiers). Der Fluss lieferte die Energie zum Antrieb der Maschinen. Die Firma produzierte Messer, Rasierer und Rüstungsgüter.

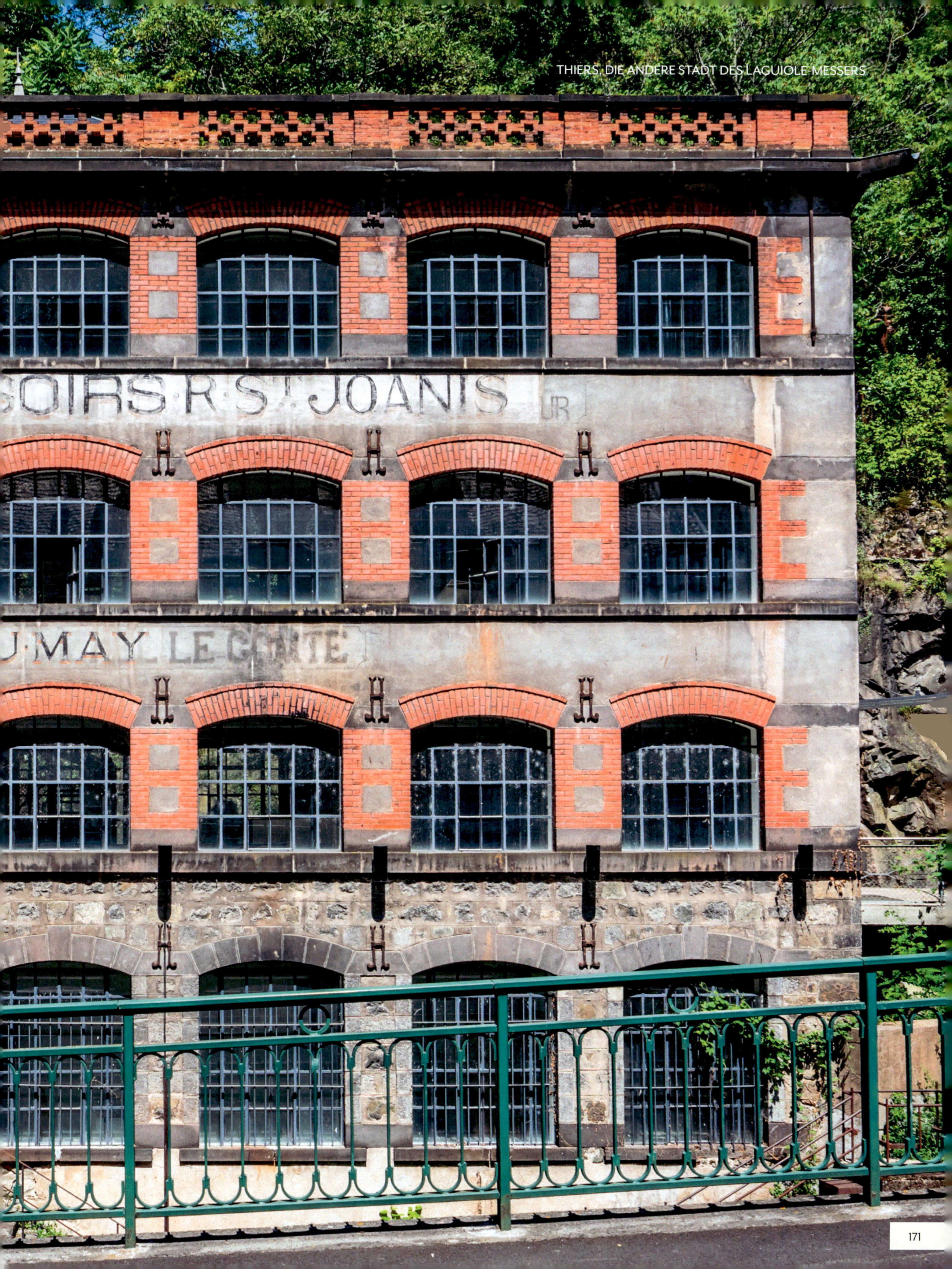
GOIRS R St JOANIS
U MAY LE COMTE

Schutz für ein authentisches Produkt

ZAHLREICHE KOPIEN MITTELMÄSSIGER QUALITÄT

Man findet sehr billige Laguioles zwischen fünf und zehn Euro, in Tabakläden, im Internet oder auf Marktständen. Aber Kunden, die glauben, ein gutes Geschäft gemacht zu haben, täuschen sich. Die Billigmesser besitzen nicht die Qualität eines Produkts aus Laguiole oder Thiers. Der verwendete Stahl ist meist von schlechter Qualität, die Verarbeitung ist einfach, die Härtung der Klinge oft unzureichend. Der auf der Rockwellskala geforderte Härtegrad der Klinge wird selten

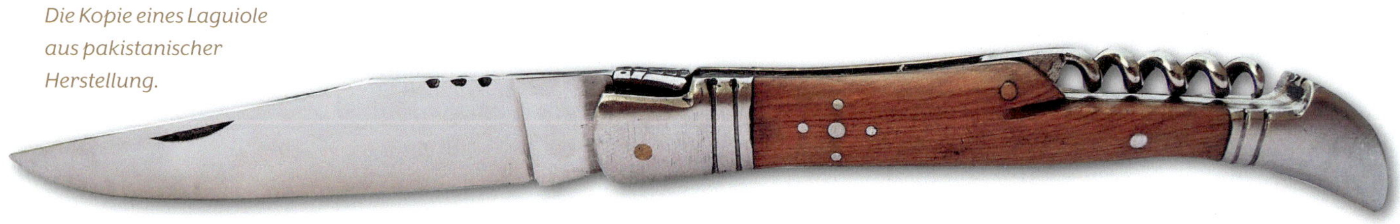

Die Kopie eines Laguiole aus pakistanischer Herstellung.

erreicht. Solche Laguioles sind Kopien aus Pakistan oder China. Manche dieser Kopien tragen aber bewusst Bezeichnungen, die an Laguiole oder die Auvergne erinnern sollen.

DIE „APPELLATION D'ORIGINE … NON PROTÉGÉE“

Die Form des Laguiole-Messers wurde nie markenrechtlich geschützt. Das Messer entstand als Gebrauchsmesser in einer handwerklich geprägten Welt. Auf die Idee, dieses gemeinsame Erbe zu schützen, kamen die Handwerker, die es herstellten, nie. Sie sahen darin auch keinen Nutzen, denn das Laguiole war ein auf den lokalen Markt beschränktes Produkt. Im Jahr 1999 entschied der Appelationshof in Paris, die Form des Laguiole sei nicht geschützt und damit gemeinfrei. Er beschreibt es als Messer, das üblicherweise mit einer Yatagan-Klinge, einem verzierten Dreieck am Ende des Ressorts und einem gebogenen Griff versehen ist. Der Beschluss legt fest, dass jedes Messer, das dieser Beschreibung entspricht, Laguiole genannt werden darf. Jeder Hersteller auf der Welt kann also gemäß der aktuellen Rechtslage ein Messer produzieren, dem er die Form eines Laguiole-Messer gibt und es dann als „Laguiole“ deklarieren.

EINE MARKE EINTRAGEN

Seit dem Gesetz über Handels- und Herstellermarken vom 23. Juni 1857 ist es Herstellern und Handwerkern möglich, eine eigene Marke einzutragen, deren Besitzer sie dann sind und die sie berechtigt, diese auf ihren Messern anzubringen. Früher wurde die Marke beim Handelsgericht eingetragen; für Frankreich verwaltet das INPI (Institut national de la propriété industrielle) die Akten und homologiert die Marken. Auf europäischer Ebene existiert mit der EUIPO eine vergleichbare Instanz, die Markeninhaber in der Europäischen Union schützt.

Die Eintragung einer Marke schützt nur die Marke. Das Baumuster des Laguiole ist urheberrechtlich nicht geschützt. Die Marke ermöglicht der Öffentlichkeit, das Produkt eines Herstellers zu identifizieren und dessen Ruf zu festigen. Sie ist gegenüber Dritten wirksam und vor Gericht verfechtbar.

Bilderbuch-Landschaft: Auf den Wegen des Aubrac.

ZUR EINTRAGUNG DER MARKE LAGUIOLE

Was das Laguiole betrifft, so ist der erste Versuch, das Publikum durch den Gebrauch eines Wortes geographischen Ursprungs irrezuführen, auf das Jahr 1868 zurückzuführen. Die Messerschmiede Roddier-Fauchery in Thiers ließ die Marke „Laguiole“ mit der Beschreibung „Name eines Ortes oder Kantons“ eintragen, mit dem Ziel, damit die Produkte seiner Messerschmiede zu kennzeichnen. War das ein Zufall? Pierre Calmels, Sohn von Pierre-Jean Calmels in Laguiole, hatte nur wenige Monate vorher durch die Auszeichnung mit seiner ersten Silbermedaille für die Qualität seiner Laguioles auf sich aufmerksam gemacht. Mit dieser Eintragung startete ein Kampf um Superlative bei Markeneintragungen. Mehrere Messerhersteller in Thiers ließen ihre Marke mit der Bemerkung „véritable laguiole“ (echtes Laguiole) eintragen. Die Hersteller in Thiers wollten noch echter sein als ihre Nachbarn.

Juristische Schlacht in Frankreich ...

1993 ließ sich ein Pariser Geschäftsmann ohne jeglichen Bezug zum Aubrac die Marke „Laguiole“ zusammen mit einer stilisierten Biene für eine große Zahl von Produktklassen bei der INPI eintragen. Diese Eintragung zielte natürlich auf die Klasse 8 „Schneidwaren“, aber überraschenderweise auch auf Bekleidung, Küchen- und Gartenzubehör. Insgesamt handelte es sich um 22 Produktklassen, die noch niemals in Laguiole hergestellt wurden. Bei vielen der unter der Marke „Laguiole“ verkauften Produkte handelte es sich um Importware. Die Gemeinde Laguiole versuchte, diese Eintragungen bei Gericht außer Kraft zu setzen. Nach einem ersten Misserfolg erzielten die Anwälte der Stadt Laguiole eine teilweise Urteilsaufhebung und konnten erneut einen Prozess führen, in dessen Verlauf die Gegenpartei dazu verurteilt wurde, 20 der auf den Pariser Unternehmer eingetragene Marken „Laguiole“ zu annullieren.

Das Gericht räumte zwar ein, dass die Verwendung der Marke „Laguiole“ durch diesen Unternehmer Zweifel an der Herkunft der Produkte zulässt, weigerte sich aber, ihn wegen betrügerischer Handelspraktiken zu verurteilen, da diese nicht hinreichend eindeutig zu erkennen seien. In der Tat ist es sehr schwierig, eine betrügerische Absicht nachzuweisen. Der Unternehmer und sein Sohn wurden zur Zahlung von 50.000 Euro an die Gemeinde Laguiole verurteilt, hinzu kamen weitere 20.000 Euro Gerichtskosten, wozu natürlich die Kosten für die Aberkennung der beanstandeten 20 Marken kommen. Der verurteilte Geschäftsmann hatte eine Frist von zwei Monaten für einen Revisionsantrag.

Zwei Klingen aus Thiers, gemarkt „Véritable Laguiole“. Ein Zeichen eines Wettbewerbs, in dem jeder echter sein wollte als der andere.

... und vor dem Europäischen Gerichtshof

2010 zog der größte Messerhersteller in Laguiole vor den Europäischen Gerichtshof. Am Ende einer juristischen Schlacht erging im Oktober 2014 der Beschluss, dass der Pariser Unternehmer seinen Markenschutz für „Laguiole" auch in der Klasse 8 (Messer und Schneidwerkzeuge) verliert – mit der Begründung, dass seine Marke „Laguiole" dem Hersteller aus Laguiole und dessen Marke Schaden zufügt, indem er Zweifel und Verwirrung bei Kunden säht. Seitdem darf also die Marke „Laguiole" nicht mehr in der Klasse 8 verwendet werden.

Gemeinsames Vorgehen der Messerhersteller in Laguiole

Auch wenn die Hersteller der Laguiole-Messer individuell ihre Marke eintragen lassen können, entstand schnell das Bedürfnis, gemeinsam ein handwerklich hergestelltes Produkt zu schützen, das so charakteristisch für die Region ist. Mehrere Produzenten in Laguiole schlossen sich daher zu der „Association du couteau de Laguiole" (Gesellschaft des Messers von Laguiole) zusammen und ließen 2001 die gemeinsame Marke „LOG – Laguiole Origine Garantie" eintragen. Diese wird bei allen Laguiole-Messern, die von diesen Herstellern produziert werden, auf dem Ricasso eingestempelt. Das war das erste gemeinsame Vorgehen zur territorialen Ursprungskennzeichnung des Laguiole-Messers.

DIE GEBURT DER IGPIA

Es brauchte seit 1993 stolze 21 Jahre zögerlicher Verhandlungen und drei Präsidenten der Republik, bis ein Gesetz genehmigt wurde, das es ermöglichte, die Qualität und Herkunft handwerklich gefertigter Produkte zu kennzeichen: die in das Gesetz über Verbraucherrechte vom 17. März 2014 integrierten geographischen Angaben (IGPIA).

Anerkennung des Territoriums

Der Gesetzgeber bietet jedem territorial geprägten Handwerks- oder Industrieprodukt in Frankreich diese Möglichkeit. Die IGPA (Indication géographique pour les produits industriels et artisanaux = Geographische Angabe für Industrie- oder Handwerksprodukte) ist ein offizielles Qualitäts- und Herkunftszeichen und eröffnet Herstellern die Möglichkeit, sich zusammenzuschließen und ein Handwerks- oder Industrieprodukt, das an eine Gegend gebunden ist, aus der es seine wesentlichen Merkmale ableitet, offiziell zertifizieren zu lassen. Das INPI (Institut national de la propriété industrielle) homologiert diese IGPIA.

Die Produzenten erarbeiten einen Pflichtenkatalog, der die Kriterien des Produkts, seine Geschichte, seine Verbindung zur Region und den geographischen Rahmen seiner Produktion angibt. Dank dieses Gesetzes können die Gebietskörperschaften die Verwendung ihres Namens besser schützen.

Das Dorf Laguiole im Herzen des Aubrac.

Die Natur schützen

DER HANDEL MIT ELFENBEIN

In der Öffentlichkeit entwickelt sich zunehmend das Bewusstsein dafür, die Natur zu schützen. Die natürlichen Ressourcen unserer Erde sind nicht unendlich vorhanden oder regenerierbar, besonders Stoffe pflanzlichen oder tierischen Ursprungs. Um der Ausbeutung entgegenzuwirken, hat die UICN zunächst im März 1973 bei der Washingtoner Artenkonferenz (bekannt unter dem Kürzel CITES), einem Kongress über bedrohte Tierarten, sehr restriktive Regeln für den Handel mit Elfenbein erlassen. Die französischen Messerhersteller respektierten diese im Bewusstsein, dass diese Transparenz von vitalem Interesse ist. Jeder französische Messerhersteller wurde bei der Zollverwaltung eingetragen und deklarierte dort seine Elfenbeinvorräte, versicherte die Rückverfolgbarkeit ihrer Herkunft bis zum Verkauf des Endprodukts und gab die anfallende Abfallmenge an.

Trotz CITES nahmen die Auswüchse und die Ausbeutung der Tierwelt auf der Welt zu. Im Verlauf von einem Jahrzehnt war aus der klassischen Wilderei ein lukratives und perfekt organisiertes System entstanden. Die Massaker an Elefanten erreichten ein solches Ausmaß, dass die internationalen Regeln geändert werden mussten.

Durch ministeriellen Erlass vom 16. August 2016 verbot Frankreich als erstes europäisches Land Handel und Verwendung von Elfenbein komplett. Elfenbein wurde über Jahrhunderte in der Messerherstellung verwendet. Dieses exklusive Material ermöglichte Formgebung, Schnitzen und Polieren von sehr schönen, makellosen und feingearbeiteten Griffen. Elfenbein ist ein festes und dichtes Material. Anstelle von Elfenbein verwenden Messermacher und -hersteller heute erlaubte Rohstoffe wie fossiles Mammut-Elfenbein aus Sibirien, Hauer von Warzenschweinen oder Giraffenknochen.

Die internationalen Konventionen regeln auch die Verwendung von Holzarten wie Palisander oder weiteren natürlichen Materialien wie Schildpatt. Diese Werkstoffe finden jedoch normalerweise bei Laguiole-Messern keine Verwendung.

KAPITEL 21

Sammler-leidenschaft

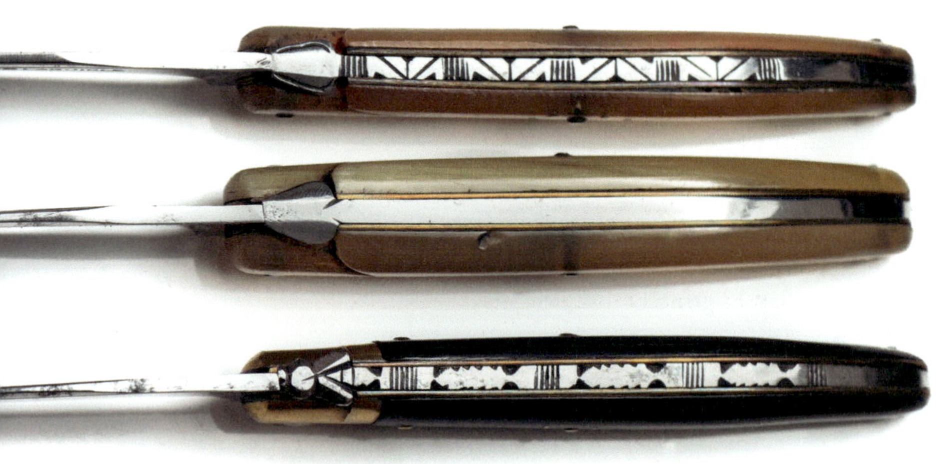

Ein Sammler kann den Schwerpunkt beispielsweise auf die verschiedenen Verzierungen der Laguioles legen.

Gegenstand einer Sammlung kann alles sein: Erinnerungen, nostalgische Objekte vergangener Epochen, die nicht zwingend weit zurückliegen müssen. Laguiole-Sammler haben sehr unterschiedliche Motive und Sammelthemen, denn ein Laguiole kann Bestandteil sehr unterschiedlicher Sammelgebiete sein: die alte und die neue bäuerliche Welt, das Bürgertum, die Welt der Bougnats und der Brasserien, Hochzeitsmesser, Couteaux d'art und mehr.

Von den Ursprüngen zu Familiensammelstücken

Für manche Sammler mit Bindung zur Region heißt Laguiole sammeln, ein Stück Heimat zu besitzen, sie mit Freunden zu teilen, denen man die Sammlung zeigt. Andere Sammlungen ergeben sich unbeabsichtigt durch das Bewahren von

Hochzeitsmessern über Generationen von Vorfahren. Diese Sammlungen werden nur selten gezeigt, nur Kennern der Region oder einigen Freunden. Sammlungen können aus mehreren schönen Vorlegebestecken oder ein, zwei schönen, großen Messern bestehen. Es sind familiäre Sammlungen, die normalerweise diskret bleiben möchten.

Eine Welt von Enthusiasten

Schließlich gibt es die klassische Welt der Sammlungen, universell oder thematisch aufgebaut. Es gibt Sammler mit ganz unterschiedlichen Motivationen, aber alle eint die Leidenschaft für das Laguiole. Manche suchen nur Stücke von Calmels, die schwer aufzutreiben sind, oder die von Pagès. Andere suchen nur ländliche und einfache Laguiole-Messer. Andere wiederum sammeln nur dreiteilige Laguioles.

Und schließlich ist da noch eine kleine, aber sehr anspruchsvolle Gruppe von Sammlern, die es nur auf die schönen, großen, geschnitzten und vor allem seltenen Laguioles von Crocombette abgesehen haben. Bei den Sammlern von großen, fein gearbeiteten Laguioles findet man sehr schöne Ausstellungsstücke, bei denen das Thema Messer aber nur einen Teil ihres Sammelgebiets darstellt.

Repliken alter Messer

Die Welt der Kunstmesser profitiert von der Knappheit der besonderen Stücke, deren Preise zunehmend erstaunliche Summen erzielen. Aber wenn die Leidenschaft will, folgt das Portemonnaie. Statt auf eine seltene Perle zu warten, wenden sich manche Sammler mit Bestellungen an Messermacher, die auf Nachbildungen alter Exemplare spezialisiert sind und bestellen Repliken. Diese Vorgehensweise hat Sinn, denn sie fördert die Erhaltung der Messermacher-Kunst.

Der Höhenflug der Preise zieht Fälscher an

Wenn Sammlermesser selten und besonders gesucht sind, erreichen sie sehr hohe Preise. Bei manchen Betrügern ist die Versuchung groß, Kopien für den Preis eines Originals zu verkaufen. Erstaunt sah ich letztlich einen Fälscher, der zunehmend besser gemachte Kopien von Messern von Nicolas Crocombette anbot. Ein Antiquitätenhändler, ein Kaufmann und einige Sammler hatten sich täuschen lassen. Ein Fälscher wird jedoch bei einer sorgfältigen Analyse des betreffenden Objekts praktisch immer auffliegen – es sei denn, er ist ein Genie der Fälschung und verfügt über die seltenen Kenntnisse und Techniken der früheren Messermacher. In der Regel macht er immer einen Fehler.

Ein Laguiole-Sammler kann Generalist sein oder sich ganz speziellen Ausprägungen der Messer widmen.

KAPITEL 22

Rund ums Laguiole: Legenden und Annäherungen

Ein spanisches Navaja.

Hartnäckige Legenden belasten die Geschichte des Laguiole-Messers. Es ist an der Zeit, dem ein Ende zu machen. Auch wenn einige aus Marketinggründen diese Legenden pflegen und sich weigern, sie zu korrigieren, ist die Wahrheit nicht weniger schön und genauso begeisternd.

Die Legende um das Navaja

Manche Autoren behaupten, der junge Pierre-Jean Calmels sei bei der Erschaffung des Laguiole-Messers vom spanischen Navaja beeinflusst worden – Messern, wie sie die Katalanen mit sich führten, die in den Herbergen in Laguiole übernachteten. Das ist aus einem einfachen Grund auszuschließen: Die katalanischen Händler, die das Dorf Laguiole besuchten, trugen keine Navajas, sondern Ganivets – Messer, die sich stark vom Laguiole unterscheiden. Katalanische Navajas gab es auch gar nicht.

Die Navajas aus Albacete, Toledo und Santa Cruz de Mudela unterscheiden sich alle so sehr von einem Laguiole, dass sie als Inspirationsquelle ausscheiden. Im Spanischen bedeutet „navaja" übrigens schlicht Klappmesser.

Ein katalanisches Ganivet.

Ein spanisches Bauern-Navaja.

Die Sache mit der Biene

Ein anderer Autor behauptete, die „Biene" sei von Napoleon den Bürgern von Laguiole für ihre militärischen Verdienste verliehen worden. Das ist falsch, denn ab 1815 war Napoleon I. nicht mehr an der Macht – also zu einer Zeit, als noch kein einziger Messerschmied in Laguiole ansässig war. Pierre-Jean Calmels, erster Messerschmied der Familientradition war als Republikaner ein entschlossener Gegner des Kai-

sers, was ihm einigen Ärger mit der Justiz unter Napoleon III einbrachte. Am 23. Juni 1857 wurde er nach Espalion zur Abbüßung einer zweiwöchigen Gefängnisstrafe verbracht, zu der er wegen einiger Zwischenfälle bei der Wahl zur Erneuerung des Legislativrats des Empire verurteilt worden war. Die Biene tauchte auf dem Laguiole erst weitere 50 Jahre später auf. Erst in den frühen 1900er Jahren schmückte Jules Calmels als erster seine Messer mit einer Biene.

Biene oder Mouche?

Dieser lächerliche Streit haftet dem Laguiole seit langem an. Mouche (Fliege) ist ein alter Begriff im Messerschmiedehandwerk, der bereits im 18. Jahrhundert existierte und die Abflachung am Kopfende des Ressorts bezeichnet. Alle Ressorts von Laguiole-Messern verfügen über diese Mouche, die mit Blumen, Bienen oder jedem andern Dekor verziert sein kann.

Das Schäferkreuz

Das Schäferkreuz als Schmuckelement ziert zahlreiche zeitgenössische Laguioles. Es handelt sich um ein Dekor aus dekorativen Nägelchen auf dem Griff. Eine hartnäckige Legende behauptet, dass die Buronniers ihr Messer zum Gebet in den Tisch stachen. Die Alten aus den Bergen lässt das schmunzeln.

Das Schäferkreuz erschien erst nach dem Zweiten Weltkrieg. Es handelt sich also um ein sehr junges Schmuckelement bei Laguiole-Messern. Dieses Dekor tauchte auf, als sich die Schäferei auf dem Aubrac schon im Niedergang befand. Die Laguiole-Messer zur großen Zeit der Burons waren einfache Modelle mit ein paar Nägeln auf dem Griff, „pointillage" genannt, in Form von Mandeln. Oft waren sie gänzlich unverziert. Die Buronniers spießten ihr Messer in einen Balken und zogen es zu den Mahlzeiten wieder heraus.

Eine Mouche kann glatt und unverziert sein (oben) oder die Gestalt einer Biene haben (unten).

Das Schäferkreuz ist ein relativ junges Dekor auf dem Laguiole, es taucht erst nach dem Zweiten Weltkrieg auf.

Epilog

Das Laguiole ist ein Gefährte der Convivialité, einer Geselligkeit mit tief reichenden Wurzeln. Es besteht über die Epochen hinweg. Eine Bauernweisheit besagt: „Man muss wissen, woher man kommt, um zu wissen, wohin man geht." Das Laguiole schöpft seine Essenz aus der Authentizität des Terroirs, in dem es geboren wurde und aus der geduldigen Kraft der Menschen, die es geschaffen haben. Schöne Legenden haben sich um das Messer herum gebildet. Aber ist die Realität seiner Geschichte nicht genauso schön? Inspiriert seine Linienführung Designer? Dies ist der Beweis. Das Laguiole blickt in eine wunderbare Zukunft.

Technische Fachbegriffe

ATELIER
Werkstatt des Messermachers, mit oder ohne Schmiede.

BANDSCHLEIFER
Stationäre Schleif- und Poliermaschine der Messermacher.

BOURBONNAISE ODER BOURBONNAISE-KLINGE
Klingenform, deren Rücken- und Schneidenlinie sich zur Spitze hin parallel zur Mittellinie verjüngen, ähnlich einer Salbeiblatt-Klinge.

BIENE, FRZ. ABEILLE
Gebräuchliche Form der Verzierung einer Mouche.

COULISSE
Ovale Bohrung im Ressort, auch „lumière“ genannt.

CRAN
Zapfenartige Nase unter dem Ressort, die in die Nut des Ricassos greift, um eine offene Klinge zu arretieren.

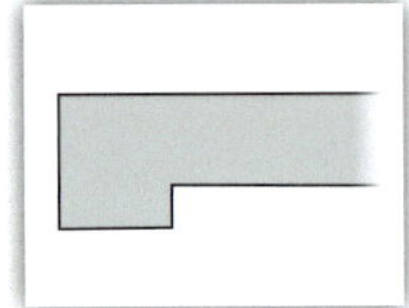

CRAN, LOGEMENT DU CRAN
Nut auf der Oberseite des Klingenendes, mit dem Ziel, den Zapfen unter dem Ressort aufzunehmen und damit die Klinge zu arretieren.

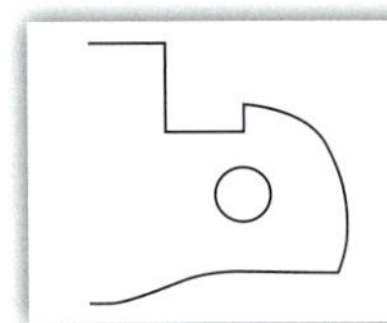

CRAN D'ARRÊT
Verriegelungssystem mit rechtwinkligen Kanten. Dieses System erfordert das Anheben der Mouche zur Entriegelung.

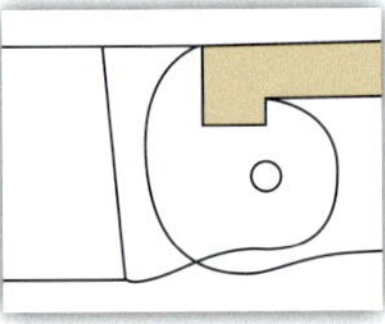

CRAN FORCÉ
Verriegelungssystem mit abgeschrägter Kante. Erlaubt das Einklappen der Klinge, ohne die Mouche anheben zu müssen.

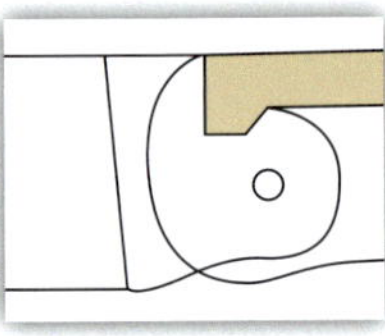

ENTABLURE
Bezeichnet die Trennlinie zwischen Klingenschräge und Ricasso.

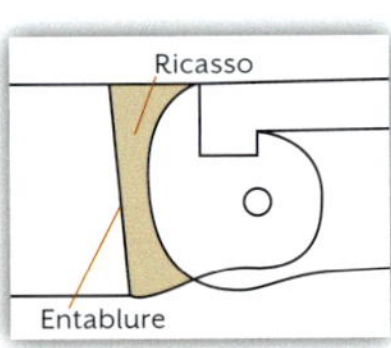

ENCLUMETTE
Kleiner Montage-Amboss eines Messermonteurs.

ESTAMPAGE (GESENKSCHMIEDE)
Mechanisches Fertigungsverfahren des Umformens, bei dem in Formwerkzeugen (Gesenken) dem zu schmiedenden Stahl unter hohem Pressdruck die Form gegeben wird.

FAUSSE-PIÈCE
Kleines Zwischenstück am Griffende, das die Montage anderer Funktionsteile wie Dorn/Ahle, zusätzlicher Klinge etc. ermöglicht.

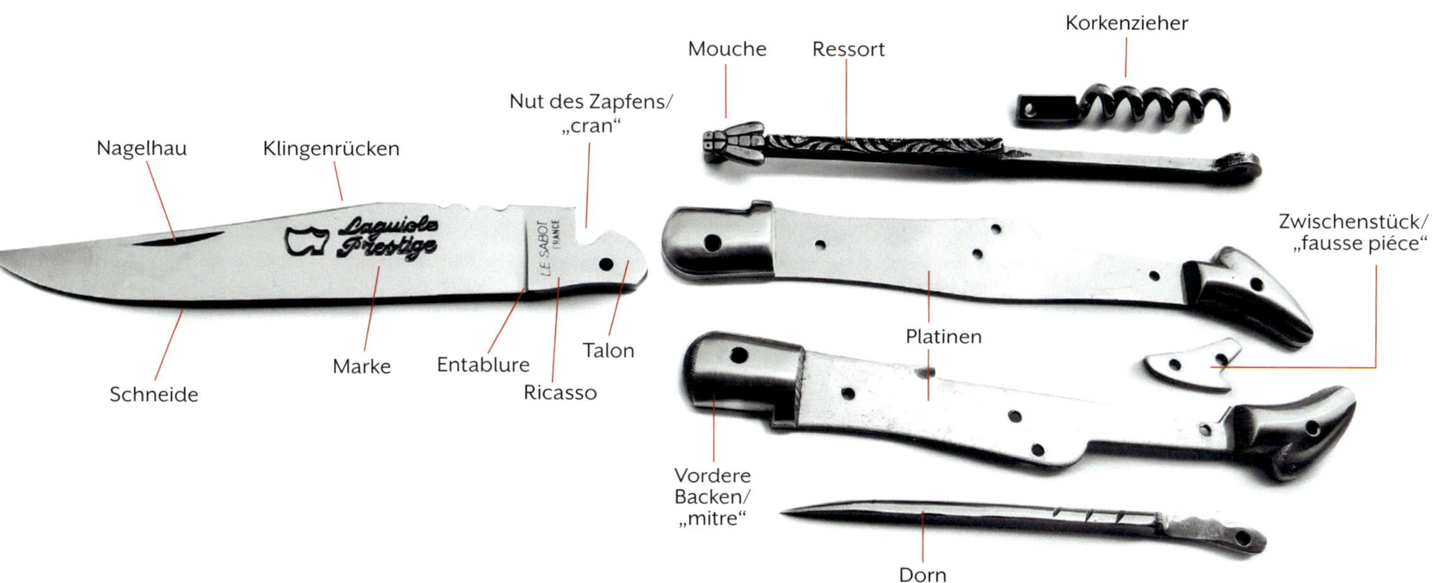

FILETS
Dekoratives Element aus Metallfäden zur Verzierung des Griffs (meist aus Messing oder Edelmetall).

FOURNITURE
Gesamtheit der Teile, aus denen ein Messer hergestellt wird.

GABARIT
Urmodell, Schablonen, nach denen die einzelnen Bestandteile eines Messers hergestellt werden.

GUILLOCHAGE
Feilarbeit, die dem Ressort seine Verzierung gibt. Bezeichnet auch den verzierten Abschnitt des Ressorts.

LAME (KLINGE)
Flacher, aus Stahl bestehender, geschliffener Teil eines Messers. Sie durchläuft Härte- und Anlassprozesse, um Elastizität und Schnitthaltigkeit zu gewährleisten.

LENTILLE
Linsenartige Verlängerung der Klinge zum Griff, die als Anschlag dient.

LUMIÈRE
Ovale Bohrung im Ressort zweiteiliger Messer (zum Beispiel Messer mit Korkenzieher), das dem Ressort (das beim Öffnen und Schließen unter Spannung steht) Bewegungsspiel erlaubt, auch „coulisse“ genannt.

MATAGE
Pilzförmiges Abrunden des Nietkopfs mit dem Montagehammer auf dem kleinen Montage-Amboss.

MITRE (BACKEN)
Metallbacken an einem oder beiden Griffenden, siehe auch „plein manche“.

MATRICES DE FORGE (GESENKE)
Positiv und negativ geformte Schmiedeformen (Matritzen) eines mechanischen Schmiedehammers oder einer Presse zur Herstellung metallischer Formteile.

MATRICES DE POINÇONNAGE (STANZ-WERKZEUGE)
Diese erlauben das serielle, mechanische Ausstanzen der Bestandteile von Messern aus Bandmetall.

MOLLETON
Rundkopf eines Niets.

MOUCHE
Deutsch: Fliege. In der Fachterminologie der Messerschmiede eine beidseitige Verbreiterung am Kopf eines Ressorts, das nichts mit dem Insekt zu tun hat. Diente ursprünglich zur Entriegelung der Klinge beim Schließen der Messer (siehe „cran d'arrêt“). Die Mouche verlor diese Funktion mit Aufkommen des „cran forcé“. erhielt sich aber aus ästhetischen Gründen als Schmuckelement. Heute häufig in Form einer Biene dargestellt.

MULTIPIÈCES (MEHRTEILER)
Messer mit mehreren Funktionen und/oder entsprechenden Funktionsteilen.

PIÈCE
Bestandteil des Messers mit spezieller Funktion, zum Beispiel Klinge, Säge, Korkenzieher, Ahle, Dorn.

PLATINEN
Das Paar seitlicher Metallplatten in Griffform, Bestandteile des Messerskeletts. Mithilfe von Schrauben oder Niete befestigt der Monteur an ihnen Klinge, Ressort und Griffschalen.

PLEIN MANCHE
Deutsch: voller Griff. Griff ohne Metallbacken. Die eleganteste, von den Schmieden in Laguiole bevorzugte Griffversion.

POINTILLAGE
Muster aus Metallstiften, Dekoration des Griffs.

POLISSAGE
Formgebung und Politur, letzte Arbeit des Monteurs zur Beseitigung von Unsauberkeiten, Rissen und Überständen mit anschließender Politur.

RESSORT
Stahlfeder im Messerrücken mit der Aufgabe, die Klinge in eingeklapptem und ausgeklapptem Zustand in Position zu halten. Wird mit Schrauben oder Niete zwischen den Platinen montiert.

RICASSO
Stärkster Teil der Klinge. Die Fläche bewegt sich beim Öffnen und Schließen des Messers zwischen den Platinen. Zur Schneide von der Entablure begrenzt.

ROSETTES
Scheiben unter den Nietköpfen aus Messing, Kupfer oder Eisen.

SCHLIFF
Der Schliff einer Klinge gliedert sich in drei Etappen:
1. Grundschliff (Emouture): Erstschliff des Klingenrohlings nach dem Schmieden.
2. Klingenschliff (Affûtage): Schliff der Klinge mit dem Ziel einer schnittfähigen und schneidhaltigen Schneide.
3. Schärfen/Feinschliff/Abzug (Affilage): letzter, abschließender Arbeitsschritt.

TALON
Außenkante des Ricasso, Kontaktfläche der Klinge mit dem Ressort.

TAS
Aufsatzstück auf einen Amboss, um spezielle Teile schmieden oder formen zu können.

TÊTE
Deutsch: Kopf. Vorderes Ende des Griffs beziehungsweise Ressorts in Richtung Klingenspitze.

TREMPE (ABSCHRECKEN)
Härtevorgang nach dem Schmieden durch plötzliches Abkühlen in Wasser oder Öl. Dem Härten folgt das Anlassen („revenu") bei geringerer Temperatur mit dem Ziel, der nach dem Härten spröden Klinge Elastizität zurückzugeben.

TRANCHANT
Schneide/Schneidleiste/die geschärfte Kante einer Klinge.

VENTRE
Bauch, Unterseite des Messergriffs.

YATAGAN
Klingenform, bei der die Rückenlinie nach einem geraden horizontalen Abschnitt in einer Aufwärtskurve zur Klingenspitze abfällt.

Index

32 Dumas 98

A

Abrieb 101
Adalard d'Eyne 12, 13
Adler 61
Aligot 64
Allée de l'Amicale 66, 72, 73, 116
Almauf -und abtrieb/Transhumance 14, 16
Aluminiumgriffe 101, 102, 128
Andreaskreuz 26, 53, 58
Angestellte Messermacher/ Ouvrier(s)-coutelier(s) 34, 35, 42, 43, 51, 59, 103, 104, 106, 107, 112
Anglade Augustin 63
Anlassen 140
Arbalète David l' 117
Arbeitsteilung 96
Arlequins 70
Association du couteau de Laguiole 175
Atelier(s) de Coutellerie 21, 42, 44, 45, 47, 59, 94
Atelier(s) 34, 35, 42, 44, 45, 47, 59, 60, 63, 94
Aubrac
- Domerie d'Aubrac 12, 13, 17, 27, 28
- Hôpital d'Aubrac 12, 15
- Monts d'Aubrac 13
- Race d'Aubrac 14, 116, 132
- Aubrac-Rinder/Vache(s) Aubrac 15, 17, 38
Aubry Renaud 163
Ausschneiden mit Laser/Wasserstrahl 137
Auvergne 8, 94
Aveyronnais 64, 102
Aveyronnaiser in Paris 43, 65, 76
Aveyronnaiser Freundschaftsvereine 90

B

Badewasserlieferant 74, 75
Bandschleifer 140, 150, 154
Basside Alexis 34
Bauernschlägereien 26
Beaucaire 21
Bec de corbin 24, 36, 38
Bédélier 16
Bedos 63
Beillonnet Robert 160
Belmon Louis 73
Bès 8
Besset 110
Besset-Jarrige Claude 101, 107
Besset-Jeune 98
Bester Auszubildender Frankreichs/ Meilleur Apprenti de France 160
Bester Handwerker Frankreichs/ Meilleur ouvrier de France (MOF) 159
Biene 83, 149, 174, 182, 183
Biondi Dominique 122
Bistrokratie 76, 78, 87, 127
Boissins Gérard 125, 127, 128
Bordeaux 21
Bors Raymond 122
Bougnat(s) 6, 76, 89, 165, 180
Bouldoire Jean-Antoine 30
Bourbonnaise-Klinge 24, 36, 38
Bras Michel & Sébastien 132
Brasserie(s) 76
Brossard-Daché 98
Brugière 56
Buron(s), Buronniers 16, 17

C

Cachage 55, 101
Cacoles 101
Calmels 29, 30, 31, 34, 35, 36, 39, 40, 59, 64, 65, 66, 70, 83, 84, 87, 88, 102, 110, 112, 116, 174, 181, 182, 183
Calmont-d'Olt 20
Canel Antoine & Mathieu 24
Cantal 8, 59
Cantalès 16
Capucins 36
Capuchadou 26, 27, 34, 39, 53
Carladès 58, 59
Casimir 35, 58
Cayron Coutellerie 60, 61
Cayron Jean-Michel 160
Chambon Michel 122, 124
Chambon-Feugerolles 22, 24, 25
Charretier 20
Chèvre 47
Chien de boutique/Vorarbeiter 96
Chotton-Rossignol 107
CITES 179
Conques 12
Convivialité 64
Costes Jean-Louis 127, 128
Couderc Gérald 122
Coulisse 57
Couteaux-Droits 18, 21
Coutelier de Laguiole 94
Coutellerie d'art 160, 163
Cran, Cran d'arrêt 38, 52, 54, 55, 88, 103
Cran forcé 53, 138
Crocombette Nicolas 104, 105, 106, 107, 110, 111, 181
Cure 112

D

Damaststahl 136
Dijon 21
Arbeitsteilung/Division du travail 96
Domerie d'Aubrac 12, 13, 17, 27, 28
Dorn, Ahle 38, 46, 52, 51, 57, 106, 149
Doupeux-Bonhomme 101
Dozorme Claude 117
Dubois Eustache 21
Dumas Jean-Pierre 122
Durand Raphaël 163

E

Édit de Turgot 28
Eisenhütten 18, 19

Elfenbein 56, 80, 81, 83, 88, 101, 103, 104, 107, 110, 142, 144, 179
Elfenbeingriffe 103
Elfenbeinhandel 179
Energiequellen 45
Entraygues 21, 59, 60
Entspannungsglühen 46
Erzvorkommen 19
Espalion 13, 16, 20, 21, 22, 24, 25, 36, 59, 60, 63, 87, 128, 183
Estival 105
Europäischer Gerichshof/ 175
Eustache(s) 21, 24, 25, 36

F

Fälschungen 181
Fayet Guy 119
Figürliche Messer 110
Florale Verzierung 79, 104
Fontaine de la Violette 46
Forge de Laguiole 128
Forge(s) 18, 20, 26, 42, 44, 57, 60, 94, 125, 168
Fourbet-Denisard 39
Fraysse Patrick 122

G

Ganivets 20, 182
Gayrard Jean Amans 63
Geige/Violon 51
Gévaudan 13, 61
Gewissen 51
Gesenkschmiede 18, 19
Ginisty François 59
Glaize 29, 34, 40, 101, 102, 103, 112
Glandières Léopold 116, 119
Glatte Mouche 53
Gouzy 63
Griff 38
Griffe/Manche(s) 55, 80, 81
Griffe, Seiten/Cote(s) 51, 55, 80, 149, 150
Griffherstellung 168
Grundschliff 47, 60,134, 140, 154, 168
Guillochage 66, 78, 79, 94, 149

H

Handwerkliche Herstellung 154
Händler in Nogent 103
Härten 46, 140, 172
Heimarbeiter 96, 105
Henri Charles 35
Herrero Mathieu 163
Herstellung des Ressorts 47
Hochglanzpolitur 150
Hochzeitsmesser 88, 89, 180, 181
Holtzer Jacob 46
Holzkohlelieferung 75
Hôpital d'Aubrac 12, 15
Hors Concours 85
Hundelaufrad 45, 47, 62

I

IGPIA (Indication géographique pour les produits industriels et artisanaux) 175
Inox-Stahl/-stähle/pulvermetallurgische Stähle/Acier inox/frittés 136
INPI Institut national de la propriété industrielle 173, 174, 175

J

Jambette(s) stéphanoise 38, 40
Jambette(s), 24, 26, 36

K

Klappmesser 20, 21, 34, 88, 105, 166, 168
Katalonien 15, 17
Klasse der Schneidwaren 84
Klinge(n) 51, 52, 54, 57, 106, 125, 136, 149, 150, 154, 163
Korkenzieher 46, 51, 52, 56, 57, 77, 102, 106, 149
Klotz Lucien 159
Kohlenstoffstahl 52, 134
Kopien 172

L

Laguiole Zusammenbau 149
Laguiole-Messer 26, 89
Laguiole-Messer, dekorierte 78, 79
Laguiole 89, 94
– Laguiole 3-teiler 57, 181
– Laguiole mit „filets" 81
– Laguiole mit Yatagan-Klinge 39
– Laguiole „cerclé" 81
– Laguiole „d'art" 163
– Laguiole „de luxe" 55
– Laguiole Tafelmesser" 83, 168
– Laguiole-Droit 38, 39, 40, 58, 61, 63
– Laguiole Klappmesser 52
– Laguiole der Bauern 53, 58, 116
– Laguiole primitiv 61
– Laguiole ohne Mouche 102
– Laguiole 3-teiler Elfenbein 104
– Laguiole Yatagan 40, 65
Laissac 63
Lamic Jérôme 160
Larzac 118
Lebrun Albert 110
Linse/Lentille 38
Lozère 8, 58, 62
Lyon 22

M

Malet Pierre 122
Manufaktur(en) 128
Marke, Markenschutz 173
Marken 173, 174, 175
Mas 35, 39, 40, 87
Mazelier Jean-Michel 127
Médaille d'Argent 85, 87, 174
Médaille d'Honneur Argent 107
Médaille d'Honneur 87, 110
Médaille d'Or 85, 87
Mende 62
Messerbestandteile/Fourniture 134, 149
Messermanufaktur 128, 136, 140
Messerschmiedemeister/ Maîtres-couteliers 24, 25
Messermonteur 51
Messerschmied/Coutelier forgeron(s) 34, 46, 47
Messerschmied/Coutelier(s) 21
Mitre(s) coquilles 101
Mitre(s) 83, 99, 140
Mönche 13, 14, 18, 19
Montage 94, 98, 154, 172
Montanhols 8
Montbrison 25
Montézic 128
Mouche(s) 38, 52, 55, 61, 65, 78, 79, 83, 138, 149, 183
Moulin Antoine 29, 58

Moulin Christian 122, 127
Moulines Étienne 31
Munoz Virgilio 160
Mur-de-Barrez 59

N
Navaja 182
Niet 53, 54
Nietkopf 53
Nietkopf 51, 54
Nogent 124
Notre-Dame-des-Pauvres 12

O
Okzitanien 8

P
Pagé Camille 39
Pagès 35, 64, 65, 70, 72, 87, 101, 110, 112, 181
Perret Michel 122
Pitelet Franck 163
Place de la Fontaine 42
Place de la Patte-d'Oie 30, 72
Place du Foirail 124
Platinen 51, 55, 140, 149, 150, 154
Pointillage 58, 183
Pompidou Georges 66
Ponson David et fils 163
Poup 59
Poyet-Sivet 98
Prestigestücke 88
Puy-en-Velay 63

Q
Quartier du Faubourg 30
Quille Jean-Pierre 24

R
Race Aubrac 14, 116, 132
Rambaud Stéphane 160
Rascalou 34, 59
Repliken alter Messer 181
Ressort, geschmiedet 66
Ressort, unverziert 61, 149
Ressort(s) 38, 51, 52, 57, 78, 79, 80, 83, 125, 150, 154, 163, 183
Restauration 28
Ricasso 54
Rives 36, 46
Rockwell 172
Roddier-Fauchery 98, 101, 173
Rodez 58, 59, 60, 61, 63, 84
Rohstoffe 142, 144
Rossignol 98
Rouergue 26
Roul 16
Rouquette Berthe 73
Rückenfase 54
Rue du Valat 31, 34, 35, 40, 42, 43, 44, 65, 72, 99, 112

S
Sablonières 124
Saint-Côme 16
Saint-Côme-d'Olt 24, 58, 59, 127
Saint-Étienne 21, 22, 25, 36, 45
Saint-Geniez-d'Olt 16, 21, 29, 59, 60
Saint-Jacques-de-Compostelle 12
Saint-Joanis 105
Saint-Joanis-Mondière 98
Saint-Urcize 59
Saisonarbeiter 17
Salettes 60, 87
Sammler 180, 181
Sauveterre-en-Rouergue 20
Sauzède-Angély 98, 110
Schablone 55
Schaffußklinge 36, 38
Schäferkreuz 183
Schärfen 150
Schleifbank 47, 60
Schleifer 105
Schleifmühle 18, 20
Schmuggel 21
Schmuggelgut 24, 25
Schneidwarenmanufaktur 136, 140
Séguis Émile 72, 112
Sévérac-le-Château 21, 38, 61, 62
Séverin 39, 40, 41, 64
Stahl/Stähle 46, 172
Stahlbearbeitung/Stahlherstellung 46
Starck Philippe 128, 165
Stéphanois 21, 22, 26, 36
Suchéras Jean-Pierre 160

T
Talon 187
Tête d'amande 79
Tête de meunier 81
Tête son bonnet 61
Thérias 73, 98, 110
Thibaud 38, 61, 62

V
Verges 46
Veysseyre Jean-Pierre 163
Vialeton Denys 24
Viallon Henri 160
Vincent Léonard 24
Voissière Philippe 163

W
Wärmebehandlung 134, 140, 154, 168
Washingtoner Artenschutzabkommen 179
Winzermesser/Couteaux de vigneron 38

Y
Yatagan-Klinge 24, 36, 39, 53, 54, 173

Z
Zulieferer 98, 102, 103, 168
Zusammenbau/Montage 51, 94, 149, 168, 179
Zwischenstück 57

DANKSAGUNG

Mein besonderer Dank geht an Marie-France Bonnet.

Gleichermaßen danke ich allen Gesprächspartnern und Zeugen längst vergangener Zeiten, den Familien der ehemaligen Couteliers, die mir ihre Archive öffneten, den Direktoren und dem Personal der Archive des Departements, der Städte und der Gemeinden, den Direktoren und dem Personal der Museen und den Familien, die mir ihre Sammlungen gezeigt haben.

Mein Dank geht an: die Académie du couteau de Laguiole, Vincent Alazard, Françoise Albouy, Michel Artières, Raphaël Bedos, Jean Balitrand, die Familie Barrau-Salettes, Robert Beillonnet, Lucien Benel, Christian Bénévent, die Familie Besombes, Francis Blandinières, Gérard Boissins, Josette Bouges, Michel Bourlier, André Bras, Laurent Bromberger, Jackie Bru, Cathy Capelle, Jean-Michel Cayron, Michel Chambon, Christophe Chaperon, die Aveyronnaiser Privatsammlung BPR, Lucien Crocombette, Jean-Louis Cromières, Herr und Frau Dangles, Jean Delmas, Séverine Dijols-Valenq, Jacky Dueymes, Yves Évrard, Michel Fervel, Michel Frayssou, Michel Garcia, Jean-Paul Geniès, Bernard Givernaud, Alain Goulesque, Huguette Guillemet-Glandières, Yves Guizard, Mathieu Herrero, Didier L., Claude und Marie-Louise Jeunet, Jacques L., die Familie Laurent, Vincent Laplagne, die Familie Lequepeys-Thibaud, Herr und Frau Malet, Jean-Michel Mazelier, Charles Michel, Thierry Monredon, Pascal Morin, Christian Moulin, Alain Mourgue, Thierry Moysset, Geneviève Nicolas, die Familie Pagès, Monique Philiponnat-David, Éric Pécou, die Familie Poujoulat, Frau Raynal, Pierre Sauvadet, Herr Serieys, Pascal Sinègre, Bernard Solinhac, Jean-Pierre Suchéras, Christian Valat, Jean-Pierre Vera, Jean-Pierre Veysseyre, Christiane Villeneuve.

QUELLENNACHWEIS

Die Dokumente und alten Fotografien in diesem Buch sind Eigentum privater Sammlungen oder Museen. Sie sind Eigentum ihrer jeweiligen Eigentümer oder Rechteinhaber. Zeichnungen sind geistiges Eigentum der Autoren oder der jeweiligen Rechteinhaber.

Alle Fotografien sind Eigentum von Christian Lemasson mit Ausnahme von: Vivien Therme, S. 102, 174 und 180-181; Adobe Stock.com – MangAllyPop@ER, S. 170-171; lil_22, S. 172-173; Sebastiano Fancellu, S. 178; africa, S. 179. shutterstock.com – Morphart Creation, S. 25

Karte auf S. 175: © OpenStreetMap – www.opentreetmap.org – unter Lizenz von ODbl